彭俊杰　主编

鞋材废料环境管理与资源化技术

华南理工大学出版社
SOUTH CHINA UNIVERSITY OF TECHNOLOGY PRESS
·广州·

图书在版编目(CIP)数据

鞋材废料环境管理与资源化技术/彭俊杰主编. —广州:华南理工大学出版社,2020.1
ISBN 978-7-5623-6122-0

Ⅰ. ①鞋… Ⅱ. ①彭… Ⅲ. ①制鞋工业-废物综合利用-研究-惠东县 Ⅳ. ①X798

中国版本图书馆CIP数据核字(2019)第293581号

Xiecai Feiliao Huanjing Guanli Yu Ziyuanhua Jishu
鞋材废料环境管理与资源化技术
彭俊杰 主编

出 版 人: 卢家明
出版发行: 华南理工大学出版社
(广州五山华南理工大学17号楼,邮编510640)
http://www.scutpress.com.cn E-mail: scutc13@scut.edu.cn
营销部电话:020-87113487 87111048(传真)
责任编辑: 王魁葵
印 刷 者: 广州市友盛彩印有限公司
开 本: 787mm × 1092mm 1/16 印张: 9.125 字数: 200千
版 次: 2020年1月第1版 2020年1月第1次印刷
印 数: 1～1200册
定 价: 32.00元

《鞋材废料环境管理与资源化技术》

编辑委员会

主　编： 彭俊杰

副主编： 黄先玉　韩蔓斯　邓加曦
钟永瑞　林镇荣

参　编： 陈丽钰　吴　兴　刘敏茹
梁　璐　全洪晖　程振春
廖小军　张晓云　梁巍巍
彭玉凤　胡伟生

前　言

随着工业化、城镇化进程的加快，我国工业领域的资源消耗量将进一步加大，由于资源开采和利用带来的环境问题与过度依赖资源进口引起的资源供应安全问题将日益突出，工业发展将面临更为严峻的资源、环境约束的挑战。我国是世界上人口最多、产生固体废物量最大的国家，每年新增固体废物100亿t左右，历史堆存总量高达600亿~700亿t。固体废物产生量大、利用不充分，部分城市“垃圾围城”问题十分突出。

工业废物消极堆存不仅占用大量土地，造成人力、物力的浪费，而且许多工业废渣含有易溶于水的有害物质，经雨水作用会污染土壤和水体。粉状的工业废物，随风飞扬，污染大气；有的还散发臭气和毒气。有的废物甚至淤塞河道，污染水系，影响生物生长，危害人体健康。固体废物污染防治是生态环境保护工作的重要领域，是改善生态环境状况的重要环节，是保障人民群众环境权益的重要举措。加强工业固体废物管理是党的十九大要求着力解决的环境问题之一，对决胜全面建成小康社会、打好污染防治攻坚战具有重要意义。2018年12月，中央全面深化改革委员会审议通过《“无废城市”建设试点工作方案》，国务院办公厅于2018年12月29日正式印发了此方案。

中国工程院院士杜祥琬认为，“无废城市”是一种先进的城市管理理念，“无废城市”并不是没有固体废物产生，也不意味着固体废物能完全资源化利用，而是指以新发展理念为引领，通过推动形成绿色发展方式和生活方式，持续推进固体废物源头减量和资源化利用，最大限度减少填埋量，将固体废物对环境的影响降至最低的城市发展模式。“无废城市”建设的远景目标是最终实现整个城市固体废物产生量最小、资源化利用充分和处置安全。清华大学环境学院李金惠教授认为，近年来，日本、欧盟、新加坡在固体废物综合管理方面开展了积极的尝试与探索，可为“无废城市”建设试点提供借鉴经验。如日本持续推进建设循环经济社会基本规划，欧盟委员会先后发布了“迈向循环经济：欧洲零废物计划”“循环经济一揽子计划”，新加坡提出迈向“零废物”的国家愿景等。目前，国内一批专家学者正在为落实《“无废城市”建设试点工作方案》开展有关固体废物环境管理和处理等方面的一系列研发工作。

我国工业固体废物产生量巨大，集中特征明显，与地方产业结构关联度高，故结合各地产业结构特征开展固体废物环境管理和资源化技术研究就具有重大的现实意义。广东、福建、浙江等地与制鞋相关的厂家80%以上属于小企业，缺乏足够的资金和技术对其产生的固体废物进行处理，只能暂时无序堆积于厂房和城镇周围。而鞋材废料密度小、体积大，需占用大量场地，从而加剧了当地“垃圾围城”的社会问题。如惠州市惠东县自改革开放以来，制鞋业迅猛发展，目前大小企业有3000家左右。是我国女鞋生产基地，荣获“广东女鞋名城”称号，制鞋业成为惠东经济的支柱产业。其制鞋企业及配套加工厂主要分布在黄埠、吉隆、平山、大岭四个乡镇。前些年，吉隆镇和黄埠镇产生的制鞋边角废料和生活垃圾大部分运往惠东县与海丰县交界的白云仔三鹅石山垃圾场（吉隆）和平径垃圾场（黄埠）堆放、填埋。

制鞋业废弃物的种类非常广泛，根据鞋材来源主要分为帮面材料和鞋底材料，帮面材料主要由面材与里材两部分组成。对鞋材废料传统的处理方法主要有焚烧（常用露天焚烧）和填埋两种方式。这两种处理方式存在许多缺点：若燃烧不充分和控制不当，会产生有害气体甚至二噁英（致癌物），对空气造成二次污染，同时剩余灰烬中残存的有害物质也会对环境造成危害；若不加处理，直接填埋，作为高分子材料的鞋材废料又会发生反应，产生渗滤液或一些有毒、有害气体，并且鞋材废料的堆积密度较小，会占用较大面积的土地，使这些土地难以再利用。

由于惠州没有规范处理处置设施专门处理惠东县产生的制鞋边角料，在相关专用处置设施建成投入使用前，暂时只能运至简易生活垃圾填埋场进行堆放、填埋。根据惠东县环卫部门统计数据及其2016年预测结果，2017年鞋材废料产生量会占全县生活垃圾产生量的20%，当地部分企业和民众环保意识不够强，且当地简易生活垃圾填埋场容量不够，部分鞋材废料被垃圾收运工人就地随意焚烧，对大气环境造成污染，焚烧产生的烟气有时甚至影响了高速公路车辆的安全通行。

鞋材废料或简单填埋，或随意堆放，或非法露天焚烧，既造成了资源浪费，又造成了环境污染，故寻求切实可行的废塑料综合防治对策已迫在眉睫，控制鞋业固体废物的污染问题已经成为一个急需解决的严重问题。

为减少该类工业废料对自然环境的影响和对人类身体健康的危害，促进鞋材废料的资源化利用，原惠州市环境保护局于2010年12月立项，委托惠州市环境科学研究所和有关单位以惠东县为主要研究对象，开展“鞋业废弃物污染现状调查及处理处置技术研究”。在此基础上推而广之，研究鞋材废料环境管理及其资源化利用技术。

惠州市环境科学研究所联合华南农业大学资源环境学院、中科院广州能源所、惠州市固体废物管理站、惠东县固体废物管理站、惠东鞋业商会、惠州市腾威新材料有限公司、惠州市瑞涛环保科技有限公司、深圳市华保科技有限公司等有关单位共同参与课题研究。先期进行了充分的现状调查，课题组到广东惠州，福建泉州、福州等地进行了实地考察调研，同时，查阅了国内外大量相关文献，基本摸清了国内鞋材废料管理和资源化处理的现状；开展了鞋材废料用于塑胶跑道材料、衍生燃料、生物填料、建筑材料（保温混凝土）等方面的试验研究，开发了鞋材废料资源化利用技术，对项目研究成果的产业化应用提出了可行的技术路线；同时，根据调查和研究的情况，提出了有针对性的环境管理对策，为当地环境管理部门、行业协会和企业对鞋材废料的环境管理提供决策参考。

本项目得到了惠州市生态环境局、市财政局、市科技局、惠东县生态环境分局、惠东县中小企业局、黄埠镇、吉隆镇、平山镇、大岭镇等相关部门和光大环保能源（惠东）有限公司等有关企业及惠东鞋业商会的大力支持和指导。

作者

2019 年 8 月

目　录

第1章　绪论

1.1　固体废物的来源和分类

根据《中华人民共和国固体废物污染环境保护法》，固体废物是指在生产、生活和其他活动中产生的丧失原有利用价值或者虽未丧失利用价值但被抛弃或者放弃的固态、半固态和置于容器中的气态的物品、物质以及法律、行政法规规定纳入固体废物管理的物品、物质。

固体废物来自人类活动的许多环节，主要包括生产过程和生活过程的一些环节。随着经济的发展、人类消费结构的改变和消费水平的不断提升，固体废物的来源更加多样，品种不断增多，数量不断增大。

固体废物有多种分类方法，按其组成可分为有机废物和无机废物；按其形态可分为固态废物和半固态废物；按其污染特性可分为危险废物和一般废物等；按其来源可分为矿业固体废物、工业固体废物、城市生活固体废物、农业固体废物和放射性固体废物；此外，固体废物还可分为有毒和无毒的两大类。有毒有害固体废物是指具有毒性、易燃性、腐蚀性、反应性、放射性和传染性的固态、半固态废物。

固体废物具有以下特征：

（1）固体废物具有鲜明的时间和空间特征，可以说是在错误时间放在错误地点的资源。从时间方面讲，它仅仅是在目前的科学技术和经济条件下无法加以利用，但随着时间的推移、科学技术的发展以及人们的要求变化，今天的废物可能成为明天的资源。从空间角度看，废物仅仅是在某一过程或某一方面没有使用价值，而并非在一切过程或一切方面都没有使用价值。某一种过程的废物，往往可以成为另一过程的原料。固体废物一般具有某些工业原材料所具有的化学、物理特性，且较废水、废气容易收集、运输、加工处理，因而可以回收利用。

（2）固体废物危害具有潜在性、长期性和灾难性特征。其对环境的污染不同于废水、废气和噪声，固体废物呆滞性大、扩散性小，它对环境的影响主要是通过水、气和土壤进行的。其中污染成分的迁移转化，如浸出液在土壤中的迁移，是一个比较缓慢的过程，其危害可能在数年乃至数十年后才能被发现。从某种意义上讲，固体废物，特别是有害固体废物对环境造成的危害可能要比废水、废气造成的危害严重得多。

1.2　一般工业固体废物概念和分类

工业固体废物（industrial solid waste）是指在工业生产活动中产生的固体废物，包括工业生产过程中排入环境的各种废渣、粉尘及其他废物，可分为一般工业废物（如高炉渣、钢渣、赤泥、有色金属渣、粉煤灰、煤渣、废石膏、脱硫灰、电石渣、盐泥等）和工业有害固体废物，即危险固体废物。

根据《GB 18599—2001 一般工业固体废物贮存、处置场污染控制标准》，一般工业固体废物是指未列入《国家危险废物名录》或者根据国家标准《GB 5085—2007 危险废物鉴别标准》和《GB 5086—1997 固体废物浸出毒性浸出方法》及《GB/T 15555—1995 固体废物腐蚀性测定》规定的鉴别方法判定不具有危险特性的工业固体废物。一般工业固体废物分为两大类：第Ⅰ类一般工业固体废物是指按照《GB 5086—1997 固体废物浸出毒性浸出方法》规定方法进行浸出试验而获得的浸出液中，任何一种污染物的浓度均未超过《GB 8978—1996 污水综合排放标准》最高允许排放浓度，且pH值在6～9范围之内的一般工业固体废物；第Ⅱ类一般工业固体废物是指按照《GB 5086—1997 固体废物浸出毒性方法》规定方法进行浸出试验而获得的浸出液中，有一种或一种以上的污染物浓度超过《GB 8978—1996 污水综合排放标准》最高允许排放浓度，或者是pH值在6～9范围之外的一般工业固体废物。

按照生态环境部《环境统计报表制度》中的指标解释，一般工业固体废物包括冶炼废渣、粉煤灰、炉渣、煤矸石、尾矿、脱硫石膏、污泥等主要类别以及其他废物。

近年来，我国大力推动工业污染治理和产业结构的调整，资源循环利用效率有所提高；同时，煤炭、钢铁、有色金属三大行业需求不振，单位工业增加值的工业固体废物产生强度出现减弱趋势。但是，我国工业固体废物产生量仍然巨大，集中特征明显。

根据调查结果，2015年全国产生一般工业固体废物的企业有106 613家，工业固体废物产生量高达32.7亿t。当前，我国一般工业固体废物利用产业发展缓慢，废物利用产业规模小，从事工业固体废物综合利用的企业多以中小型为主，产品附加值低，缺乏市场竞争力，将近40%的工业固体废物没有得到综合利用，长期贮存大量工业固体废物给环境带来很大风险。表1–1为我国历年一般工业固体废物产生量及处理情况。

表1–1　全国一般工业固体废物产生量及处理情况

年份	产生量/万 t	综合利用量/万 t	处置量/万 t	贮存量/万 t	倾倒丢弃量/万 t
2011	322 772.34	195 214.62	70 465.34	60 376.74	433.31
2012	329 044.26	202 461.92	70 744.82	59 786.32	144.21
2013	327 701.94	205 916.33	82 969.49	42 634.16	129.28
2014	325 620.02	204 330.25	80 387.54	45 033.19	59.38
2015	327 079.00	198 807.00	73 034.00	58 365.00	56.00
2016	309 210.00	184 096.00	65 522.00	62 599.00	32.23

注：综合利用量包括综合利用往年贮存量；处置量包含处置往年贮存量。

1.3　一般工业固体废物的环境管理形势

随着社会经济的迅猛发展和城市化进程的不断加快，工业固体废物的种类和数量不断增加，工业固体废物污染事件也时有发生，对环境安全和人类健康造成了巨大威胁。近年来国家对于废水、废气的处理投入较大的人力、财力和物力，对生活垃圾也实现了100%的无害化处置，但对工业固体废物的管理还比较滞后，危险废物正逐步纳入管理轨道，一般性工业固体废物则基本处于失管状态，废弃的发泡材料、塑料、皮革边角料等被肆意堆积在河边路旁；废玻璃纤维、废窗纱等在无任何防渗漏措施下被随意填埋在废塘、废沟；废铸造砂被堆放在田间地头导致周边寸草不生；有些工业废物被混入生活垃圾、废水中排入环境。

生态环境部在2018年5月9日至6月底，抽调环境执法骨干和固体废物管理方面的专家，组成150个督查组，进驻长江经济带有关地级市，对长江经济带固体废物非法倾倒情况进行现场摸底排查核实，督促地方政府和有关部门提高认识，主动落实环境保护主体责任，科学妥善处置、消除环境安全隐患，依法查处涉及固体废物、危险废物的环境违法行为，对相关责任人员依法依规实施问责，遏制非法转移倾倒案件多发态势。2018年7月上旬，生态环境部组织开展了“‘清废行动2018’核查‘回头看’”，对1308个问题的整改情况逐一进行现场核实。第一批部级挂牌督办问题整改情况公布，29个一般工业固体废物类问题累计罚款额达260余万元。第一批问题整改情况主要涉及29个一般工业固体废物非法倾倒、堆存问题，其中湖北省7个、贵州省4个、江苏省4个、云南省3个、上海市3个、四川省2个、安徽省2个、浙江省1个、湖南省1个、江西省1个、重庆市1个。

1.3.1　工业固体废物污染防治的问题

从2018年7月上旬开始的生态环境部和地方各级生态环境部门监管情况和群众举报的情况来看，工业固体废物污染防治普遍存在以下问题：

（1）一般工业固体废物处置设施缺乏。如委托危险废物处置单位按危险废物进行处理，其处理成本较高，将使企业难以承受。一般工业固体废物出路问题不解决，就谈不上在此基础上建立源头产生—收集运输—回收利用—处理处置的体系。

（2）部分企业环保意识不强，非法处置现象依然存在。从调查数据可知，目前网上申报的危险废物处置量与产生量还有一定差距，更多的少而散的危险废物没有进行网上申报，也就没有得到合法处置。一般工业固体废物非法处置问题更多，特别是汽车零部件、眼镜、鞋业生产企业产生的固体废物较多，回收利用价值不高，企业常付钱找人将固体废物清运出厂，至于如何处置则不再过问，造成非法排放、偷倒乱倒、随意露天焚烧固体废物的现象，对环境造成严重污染，周边群众反应强烈，举报不断，已成为部分镇区严重的社会问题。

（3）相关法律法规不健全。一般固体废物监管难度大。我国目前一般工业固体废物管理方面的法律法规还很不健全，仅有《中华人民共和国固体废物污染环境防治法》《中华人民共和国循环经济促进法》以及有关危险废物的具体管理办法。一般工业固体废物处置与管理的基础性工作较薄弱，其产生量、种类、分布、流向等情况不清，严重制约了固体废物全过程监管，导致大量固体废物游离于监管之外。

（4）工业固体废物综合利用水平低。工业固体废物涉及行业多，种类多，成分复杂，处置与利用技术要求高。目前，工业固体废物除烧砖、铺路、金属回收等少量综合利用方式外，缺少有效的利用方式。企业面对大量工业固体废物不知所措，只是一倒了之，或付之一炬，大量有用物质均未得到有效利用。

（5）工业固体废物监督管理能力不足，执法力度有待加强。工业固体废物监管工作负荷重，管理难度大。但是环保部门固体废物专职管理人员少，基层更是缺乏专业管理人员，大多身兼数职。同时，固体废物监管工作经费缺乏，技术力量不够，对固体废物安全处置的技术指导、设施建设、现场监督严重滞后，不能及时掌握本辖区的固体废物污染现状，监管不到位、缺位现象时有发生，突发危险废物污染环境事件的应急能力还比较欠缺。

（6）科研机构对固体废物综合利用、处置的技术研发重视不够，水平不高，研发工作创新性不强，部分技术成果的转化力较弱，经济、技术、环境的综合可行性不强，未能发挥强有力的技术支撑作用。

1.3.2 环境管理要求和措施

为加强一般工业固体废物规范化全过程监管，加快推进减量化、资源化、无害化利用处置，切实维护生态环境安全，根据《中华人民共和国固体废物污染环境防治法》《一般工业固体废物贮存、处置场污染控制标准》及相关法律、法规、文件要求，广东、浙江、江苏等地均制定了进一步规范一般工业固体废物利用处置监管工作的规定，对产废单位、运输单位、处置利用单位以及政府相关职能部门均提出了工作要求。主要的环境管理要求和措施如下：

1.产废单位要落实源头精细化管理

（1）重视源头减排。对已建项目，要积极采取措施，开展废物减量化工艺改造、场内综合利用处置，减少废物产生量和转移量。对新建项目，要在环评阶段对废物减量工作提出意见和建议，同时明确一般工业固体废物利用处置去向，核实实际能力，确保可行性。

（2）理清产废情况。应按当前生产工艺及实际工况，进一步分析废物产生环节、种类、数量、去向，做好台账登记。对一般工业固体废物中需处置的部分，应参照危险废物的要求严格管理。对产废情况复杂的企业，鼓励企业自主委托开展第三方核查并按核查结果进行台账登记。

（3）强化贮存管理。应按照产废实际情况，对照《GB 18599—2001 一般工业固体废物贮存、处置场污染控制标准》等相关要求，根据贮存的工业固体废物的类型，建设符合规范且满足需求的贮存场所。对新建项目，贮存场所必须作为环境污染防治设施，同步设计、同步建设、同步使用。实行安全分类存放，防止危险废物和生活垃圾混入。

（4）依法办理转移。产废单位应与具有相应利用处置能力的单位签订合同，依法委托废物利用处置业务。固体废物转移过程要执行转移交接记录制度，明确转移量、转移车辆及驾驶员、转移去向，由产生单位及接收单位分别签字盖章。利用处置费用应通过银行转账直接支付给利用处置单位，不得由运输单位代收。固体废物转移出省、自治区、直辖市进行贮存、处置的，应依法取得移出地和接收地的省级环境保护行政主管部门同意，方可转移。

（5）规范管理制度。建立污染环境防治责任制度，明确责任人与管理组织。严格执行一般工业固体废物申报登记制度及内部登记台账制度，逐年向县级环保部门申报废物种类、数量、流向、贮存、处置等信息，实时登记废物流转情况。针对废物的全过程管理制定应急预案，向县级环保部门备案，并对相关设施操作、维护等人员开展专业知识培训，加强设施设备的管理和维护，确保其正常运行和使用。

（6）严格全程管理。省和国家管控的一般工业固体废物产生单位应在产生点、贮存场所、废物出入口“三点一线”安装视频监控设备并与地方相关部门的固体废物管理信息系统联网；监控信息应保存3个月以上，实现废物流转信息“可追溯”。年产5000 t以上工业污泥的单位应率先全面完成视频监控设施安装并联网。

2.运输单位贮运过程规范化

（1）规范运输管理。运输单位应按照承运废物特性，配备相应运输车辆，运输车辆应配备GPS和视频记录仪。运输过程要做好防扬散、防渗漏等措施，严防二次污染。驾驶员、押运员等从业人员应由运输单位负责定期组织开展从业人员培训，掌握一般工业固体废物知识、事故应对技能及相关管理制度。

（2）加强交接管理。在废物交接环节，运输单位应与废物产生单位核实所承运的一般工业固体废物的具体信息，填好交接记录单。交接记录单要随车运行，严禁将承运的一般工业固体废物交由合同规定单位以外的个人或单位，并严防运输途中“跑”“冒”“滴”“漏”。利用处置单位在接收时，要查验核对交接记录单，查验接收的一般工业废物的类别和数量等，不得接受非法委托。

3.利用处置单位要实行无害化利用处置

（1）严格内部管理。从事一般工业固体废物利用处置的单位，要对照环评及验收文件，依法开展生产活动，并严格落实各项污染物排放要求。要执行一般工业固体废物经营记录制度，按照固体废物实际入厂、生产等情况如实登记，做到固体废物的交接记录与利用处置记录相一致。要切实加强运行安全管理，制定培训计划，定期开展管理人员、操作人员和技术人员培训；制定应急预案，根据生产经营产生废物实际情况，有针对性地开展应急演练。根据不同固体废物的特性，做好安全防护，加强监测和巡查，严防安全事故发生。

（2）强化污染防治。一般工业固体废物利用处置单位应严格落实环评批复、验收文件中关于污染防治的各项要求，妥善运行污染防治设施，严防二次污染。要对生产设施、污染防治设施设备定期进行检测检验，严防破损，杜绝事故性排放。要制定污染物排放自行监测计划，并按计划开展自行监测。

（3）落实全过程监管要求。一般工业固体废物利用处置单位应在废物出入口、贮存场所和利用处置设施废物接收处建立交接记录制度，在内部“三点一线”等关键环节，设立视频监控，实现在线实时跟踪。鼓励一般工业固体废物利用处置单位通过企业网站等渠道，公开废物接收处置、污染物排放等相关信息。

4. 地方政府要落实设施建设主体责任

县级以上地方人民政府应组织制定本辖区一般工业固体废物污染环境防治工作规划，推广能够减少一般工业固体废物产生量和危害性的先进生产工艺和设备，推动一般工业固体废物污染环境防治工作。要将一般工业固体废物利用处置设施纳入城市基础设施建设范畴，根据辖区内产废实际和产废特点，按照“利用处置能力满足一般工业固体废物不出县”的要求，统筹规划各类一般工业固体废物利用处置设施建设，确保本辖区一般工业固体废物利用处置能力能够满足实际需求。地方政府要建立辖区巡查制度，一经发现固体废物非法倾倒等环境违法行为，要立即制止并报告相关部门。

为确保区域产业的稳定、安全、持续健康发展，各地必须配套建设区域环保基础设施。各市、县（区）政府要结合本地实际，根据辖区内工业固体废物产出特征，按照原则上本地化处置利用的要求，科学合理引导各类废物流向，统筹规划布局各类废物利用处置设施建设，确保本辖区固体废物利用处置能力能够满足实际需求，切实解决固体废物处置出路难问题。鼓励各地推进以骨干企业为主导的市场化运作模式，积极利用社会资本、先进技术和管理经验，因地制宜选择先进适用、成熟可靠、符合节约集约用地原则的无害化处理处置技术，打造一批具有示范带动作用的能源资源综合利用基地和产业链，着力提高大宗工业固体废物循环利用水平。

5. 各职能部门要强化部门联动，形成合力

各级环保、发展改革、经信、教育、公安、财政、住建、商务、卫生、安监和交通运输等部门要明确职责分工，强化部门联动，形成工作合力。

（1）环保部门。构建一般工业固体废物从产生、运输到处置的全过程信息化监管体系，进一步提升监管能力，创新监管手段，推进工业边角料、工业污泥的无害化利用处置工作。环境监察机构应切实加大执法力度，委托第三方审计机构有计划地对重点产废企业及利用处置企业的一般工业固体废物产生量、转移量、利用处置量、资金往来情况进行抽样审计。要加大信息公开力度，定期公开执法检查结果等信息，并对检查发现的问题及整改落实情况予以通报。

（2）发改部门。落实循环经济发展的要求，推进固体废物可用尽用。以废旧金

属、废旧塑料、废旧纺织品等再生资源为重点，推动“城市矿产”“城市油田”“城市棉田”等建设，引导再生资源企业集聚化、规模化发展；推动实施静脉产业①重点示范项目，加快建设静脉产业基地。

（3）经信部门。拓宽粉煤灰、冶金渣、工业副产石膏等大宗工业固体废物综合利用渠道，提高综合利用水平。鼓励企业将有利用价值的固体废物作为原料利用或加工成符合标准的副产品，切实提高工业固体废物综合利用率。

（4）建设部门。推动一般工业固体废物处置设施建设，推进城镇生活污水处理厂污泥的无害化利用处置工作，健全城镇生活污水处理厂污泥从产生、运输、储存到处置的全过程监管体系，督促对城镇生活污水处理厂污泥进行稳定化、无害化和资源化处理处置。

（5）交通部门。出台针对运输工具的要求及规范，加强对一般工业固体废物运输环节的管理。

《中华人民共和国固体废物污染防治法》第三十三条规定：企业事业单位应当根据经济、技术条件对其产生的工业固体废物加以利用；对暂时不利用或者不能利用的，必须按照国务院环境保护行政主管部门的规定建设贮存设施、场所，安全分类存放，或者采取无害化处置措施。按照现有环保法律法规，没有要求从事一般工业固体废物经营活动的单位申领经营许可证，但应依法完善相关环保手续，落实相关污染防治措施。

1.4 “无废城市”建设助推固体废物管理

为了提高固体废物资源化利用水平，深化固体废物管理制度改革，探索建立长效机制，国务院办公厅于2018年12月29日正式印发《“无废城市”建设试点工作方案》。方案提出实施工业绿色生产，推动大宗工业固体废物贮存处置总量趋零增长；推行农业绿色生产，促进主要农业废弃物全量利用；践行绿色生活方式，推动生活垃圾源头减量和资源化利用；提升风险防控能力，强化危险废物全面安全管控；激发市场主体活力，培育产业发展新模式等主要任务。

“无废城市”是以创新、协调、绿色、开放、共享的新发展理念为引领，通过推动形成绿色发展方式和生活方式，持续推进固体废物源头减量和资源化利用，最大限度减少填埋量，将固体废物环境影响降至最低的城市发展模式。“无废城市”并不是没有固体废物产生，也不意味着固体废物能完全资源化利用，而是一种先进的城市管理理念，旨在最终实现整个城市固体废物产生量最小、资源化利用充分、处置安全的目标。这需要长期探索与实践。现阶段，要通过“无废城市”建设试点，统筹经济社会发展中的固体废物管理工作，大力推进源头减量、资源化利用和无害化处置，坚决遏制非法转移倾倒，探索建立量化指标体系，系统总结试点经验，形成

注：①静脉产业是指垃圾回收和资源化利用的产业，又称为静脉经济、第四产业。

可复制、可推广的建设模式。

到2020年，系统构建“无废城市”建设指标体系，探索建立“无废城市”建设综合管理制度和技术体系，试点城市在固体废物重点领域和关键环节取得明显进展，实现大宗工业固体废物贮存处置总量趋零增长、主要农业废弃物全量利用、生活垃圾减量化资源化水平全面提升、危险废物全面安全管控、非法转移倾倒固体废物事件零发生，并培育一批固体废物资源化利用骨干企业。通过在试点城市深化固体废物综合管理改革，总结试点经验做法，形成一批可复制、可推广的“无废城市”建设示范模式，为推动建设“无废社会”奠定良好基础。近年“无废城市”建设主要开展以下几方面的工作：

1.强化顶层设计引领，发挥政府宏观指导作用

建立“无废城市”建设指标体系，发挥导向引领作用。研究建立以固体废物减量化和循环利用率为核心指标的“无废城市”建设指标体系，并与绿色发展指标体系、生态文明建设考核目标体系衔接融合。健全固体废物统计制度，统一工业固体废物数据统计范围、口径和方法，完善农业废弃物、建筑垃圾统计方法。

优化固体废物管理体制机制，强化部门分工协作。根据城市经济社会发展实际，以深化地方机构改革为契机，建立部门责任清单，进一步明确各类固体废物产生、收集、转移、利用、处置等环节的部门职责边界，提升监管能力，形成分工明确、权责明晰、协同增效的综合管理体制。

加强制度政策集成创新，增强试点方案系统性。落实中共中央、国务院印发的《生态文明体制改革总体方案》相关改革举措，围绕“无废城市”建设目标，集成目前已开展的有关循环经济、清洁生产、资源化利用、乡村振兴等方面改革和试点示范政策、制度与措施。试点城市要在继承与创新基础上，制定“无废城市”建设试点实施方案，和城市建设与管理有机融合，明确改革试点的任务措施，增强相关领域改革系统性、协同性和配套性。

统筹城市发展与固体废物管理，优化产业结构布局。县级以上人民政府组织开展区域内固体废物利用处置能力调查评估，严格控制新建、扩建固体废物产生量大且区域难以实现有效综合利用和无害化处置的项目。构建工业、农业、生活等领域间资源和能源梯级利用、循环利用体系。以物质流分析为基础，推动构建产业园区企业内、企业间和区域内的循环经济产业链运行机制。明确规划期内城市基础设施保障能力需求，将生活垃圾、城镇污水污泥、建筑垃圾、废旧轮胎、危险废物、农业废弃物、报废汽车等固体废物分类收集及无害化处置设施纳入城市基础设施和公共设施范围，保障设施用地。

2.实施工业绿色生产，推动大宗工业固体废物贮存处置总量趋零增长

全面实施绿色开采，减少矿业固体废物产生和贮存处置量。以煤炭、有色金属、黄金、冶金、化工、非金属矿等行业为重点，按照绿色矿山建设要求，因矿制宜采用充填采矿技术，推动利用矿业固体废物生产建筑材料或治理采空区和塌陷区等。

到2020年，试点城市的大中型矿山达到绿色矿山建设要求和标准，其中煤矸石、煤泥等固体废物实现全部利用。

开展绿色设计和绿色供应链建设，促进固体废物减量和循环利用。大力推行绿色设计，提高产品可拆解性、可回收性，减少有毒有害原辅料使用，培育一批绿色设计示范企业；大力推行绿色供应链管理，发挥大企业及大型零售商的带动作用，培育一批固体废物产生量小、循环利用率高的示范企业。以铅酸蓄电池、动力电池、电器电子产品、汽车为重点，落实生产者责任延伸制，到2020年，基本建成废弃产品逆向回收体系。

健全标准体系，推动大宗工业固体废物资源化利用。以尾矿、煤矸石、粉煤灰、冶炼渣、工业副产石膏等大宗工业固体废物为重点，完善综合利用标准体系，分类别制定工业副产品、资源综合利用产品等产品技术标准。

严格控制增量，逐步解决工业固体废物历史遗留问题。以磷石膏等为重点，探索实施“以用定产”政策，实现固体废物产消平衡。全面摸底调查和整治工业固体废物堆存场所，逐步减少历史遗留固体废物贮存处置总量。

3.推行农业绿色生产，促进主要农业废弃物全量利用

以规模养殖场为重点，以建立种养循环发展机制为核心，逐步实现畜禽粪便就近就地综合利用。在肉牛、羊和家禽等养殖场鼓励采用固体粪便堆肥或建立集中处置中心生产有机肥，在生猪和奶牛等养殖场推广快速低排放的固体粪便堆肥技术、粪便垫料回用和水肥一体化施用技术，加强二次污染管控。推广“果沼畜”“菜沼畜”“茶沼畜”等畜禽粪便综合利用、种养循环的多种生态农业技术模式。到2020年，规模养殖场粪污处理设施装备配套率达到95%以上，畜禽粪污综合利用率达到75%以上。

以收集、利用等环节为重点，坚持因地制宜、农用优先、就地就近原则，推动区域农作物秸秆全量利用。以秸秆就地还田，生产秸秆有机肥、优质粗饲料产品、固化成型燃料、沼气或生物天然气、食用菌基料和育秧、育苗基料，生产秸秆板材和墙体材料为主要技术路线，建立肥料化、饲料化、燃料化、基料化、原料化等多途径利用模式。到2020年，秸秆综合利用率达到85%以上。

以回收、处理等环节为重点，提升废旧农膜及农药包装废弃物再利用水平。建立政府引导、企业主办、农户参与的回收利用体系。推广一膜多用、行间覆盖等技术，减少地膜使用量。推广应用标准地膜，禁止生产和使用厚度低于0.01mm的地膜。有条件的城市，将地膜回收作为生产全程机械化的必要环节，全面推进机械化回收。到2020年，重点用膜区当季地膜回收率达到80%以上。按照“谁购买谁交回、谁销售谁收集”原则，探索建立农药包装废弃物回收奖励或使用者押金返还等制度，对农药包装废弃物实施无害化处理。

4.践行绿色生活方式，推动生活垃圾源头减量和资源化利用

以绿色生活方式为引领，促进生活垃圾减量。通过发布绿色生活方式指南等，引导公众在衣食住行等方面践行简约适度、绿色低碳的生活方式。支持发展共享经济，

减少资源浪费。限制生产、销售和使用一次性不可降解塑料袋、塑料餐具，扩大可降解塑料产品应用范围。加快推进快递业绿色包装应用，到2020年，基本实现同城快递环境友好型包装材料全面应用。推动公共机构无纸化办公。在宾馆、餐饮等服务性行业，推广使用可循环利用物品，限制使用一次性用品。创建绿色商场，培育一批应用节能技术、销售绿色产品、提供绿色服务的绿色流通主体。

多措并举，加强生活垃圾资源化利用。全面落实生活垃圾处理收费制度，推行垃圾计量收费。建设资源循环利用基地，加强生活垃圾分类，推广可回收物利用、焚烧发电、生物处理等资源化利用方式。垃圾焚烧发电企业实施“装、树、联”（垃圾焚烧企业依法依规安装污染物排放自动监测设备、在厂区门口树立电子显示屏实时公布污染物排放和焚烧炉运行数据、自动监测设备与生态环境部门联网），强化信息公开，提升运营水平，确保达标排放。以餐饮企业、酒店、机关事业单位和学校食堂等为重点，创建绿色餐厅、绿色餐饮企业，倡导“光盘行动”。促进餐厨垃圾资源化利用，拓宽产品出路。

开展建筑垃圾治理，提高源头减量及资源化利用水平。摸清建筑垃圾产生现状和发展趋势，加强建筑垃圾全过程管理。强化规划引导，合理布局建筑垃圾转运调配、消纳处置和资源化利用设施。加快设施建设，形成与城市发展需求相匹配的建筑垃圾处理体系。开展存量治理，对堆放量比较大、比较集中的堆放点，经评估达到安全稳定要求后，开展生态修复。在有条件的地区，推进资源化利用，提高建筑垃圾资源化再生产品质量。

5. 提升风险防控能力，强化危险废物全面安全管控

筑牢危险废物源头防线。新建涉危险废物建设项目，严格落实《建设项目危险废物环境影响评价指南》等管理要求，明确管理对象和源头，预防二次污染，防控环境风险。以有色金属冶炼、石油开采、石油加工、化工、焦化、电镀等行业为重点，实施强制性清洁生产审核。

夯实危险废物过程严控基础。开展排污许可“一证式”管理，探索将固体废物纳入排污许可证管理范围，掌握危险废物产生、利用、转移、贮存、处置情况。严格落实危险废物规范化管理考核要求，强化事中事后监管。全面实施危险废物电子转移联单制度，依法加强道路运输安全管理，及时掌握危险废物流向，大幅提升危险废物风险防控水平。开展废铅酸蓄电池等危险废物收集经营许可证制度试点。落实《医疗废物管理条例》，强化地方政府医疗废物集中处置设施建设责任，推动医疗废物集中处置体系覆盖各级各类医疗机构。加强医疗废物分类管理，做好源头分类，促进规范处置。

完善危险废物相关标准规范。以全过程环境风险防控为基本原则，明确危险废物处置过程二次污染控制要求及资源化利用过程环境保护要求，规定资源化利用产品中有毒有害物质含量限值，促进危险废物安全利用。建立多部门联合监管执法机制，将危险废物检查纳入环境执法“双随机”监管，严厉打击非法转移、非法利用、非法处置危险废物等违法行为。

6.激发市场主体活力，培育产业发展新模式

提高政策有效性。将固体废物产生、利用处置企业纳入企业环境信用评价范围，根据评价结果实施跨部门联合惩戒。落实好现有资源综合利用增值税等税收优惠政策，促进固体废物综合利用。构建工业固体废物资源综合利用评价机制，制定国家工业固体废物资源综合利用产品目录，对依法综合利用固体废物、符合国家和地方环境保护标准的企业，免征环境保护税。按照市场化和商业可持续原则，探索开展绿色金融支持畜禽养殖业废弃物处置和无害化处理试点，支持固体废物利用处置产业发展。到2020年，在试点城市危险废物经营单位全面推行环境污染责任保险。在农业支持保护补贴中，加大对畜禽粪污、秸秆综合利用生产有机肥的补贴力度，同步减少化肥补贴。增加政府绿色采购中循环利用产品种类，加大采购力度。加快建立有利于促进固体废物减量化、资源化、无害化处理的激励约束机制。在政府投资公共工程中，优先使用以大宗工业固体废物等为原料的综合利用产品，推广新型墙材等绿色建材应用；探索实施建筑垃圾资源化利用产品强制使用制度，明确产品质量要求、使用范围和比例。

发展“互联网+”固体废物处理产业。推广回收新技术新模式，鼓励生产企业与销售商合作，优化逆向物流体系建设，支持再生资源回收企业建立在线交易平台，完善线下回收网点，实现线上交废与线下回收有机结合。建立政府固体废物环境管理平台与市场化固体废物公共交易平台信息交换机制，充分运用物联网、全球定位系统等信息技术，实现固体废物收集、转移、处置环节信息化、可视化，提高监督管理效率和水平。

积极培育第三方市场。鼓励专业化第三方机构从事固体废物资源化利用、环境污染治理与咨询服务，打造一批固体废物资源化利用骨干企业。以政府为责任主体，推动固体废物收集、利用与处置工程项目和设施建设的运行，在不增加地方政府债务的前提下，依法合规探索采用第三方治理或政府和社会资本合作（PPP）等模式，实现与社会资本风险共担、收益共享。

1.5 工业固体废物常见的处理技术

工业固体废物经过适当的工艺处理，可成为工业原料或能源，较废水、废气容易实现资源化。一些工业固体废物已开发出多种用途，如制成水泥、混凝土骨料、砖瓦、纤维、铸石等建筑材料；提取铁、铝、铜、铅、锌等金属和钒、铀、锗、钼、钪、钛等稀有金属；制造肥料、土壤改良剂等。此外，还可用于处理废水、矿山灭火，以及用作化工填料等。工业固体废物几乎都可加工成建筑材料，或从中回收能源和工业原料。工业固体废物的管理，如今各国大多以工业部门处理为主，即在政府的管理下，由排放的工业部门、工厂自行处理和利用。随着工业废物排放量的增长，日本等国以集中处理为目标，实行专业化集中处理。

工业固体废物受工业生产过程等因素的影响，成分常有变化，给处理和利用造成困难。工业固体废物往往要经过一定处理过程方可利用，如高温形成的渣须经冷却，湿法生成的渣须经干燥，粉尘须经收集，因此回收利用成本较高。近期许多国家的相关专业人员都在致力于工业固体废物循环利用的研究。

我国于20世纪80年代中期提出了以资源化、无害化、减量化为目标的控制固体废物污染的技术政策，并确定今后较长一段时间内应以无害化为主。我国固体废物处理利用的发展趋势必然是从无害化走向资源化。资源化是以无害化为前提，无害化和减量化则应以资源化为条件，准确把握循环经济的“三原则”（减量化、循环化、再利用）和固体废物污染防治“三化”（减量化、资源化、无害化）。我国工业固体废物处理技术层面仍需突破，目前，压实、破碎、分选、固化、焚烧、生物处理等处理方法是应用最为广泛的也非常有效的。

1. 压实技术——最普遍的预处理方法

压实是一种通过对废物实行减容以降低运输成本、延长填埋寿命的预处理技术。适用于压实减少体积处理的固体废弃物，如汽车、易拉罐、塑料瓶等。非适用范围：某些可能引起操作问题的废弃物，如焦油、污泥或液体物料。

2. 破碎技术——“大化小”的最直接处理方法

为了使进入焚烧炉、填埋场、堆肥系统等的固体废物的外形减小，必须预先对固体废物进行破碎处理。经过破碎处理的废物，由于消除了大的空隙，不仅尺寸大小均匀，而且质地也均匀，在填埋过程中容易压实。破碎方法有冲击破碎、剪切破碎、挤压破碎、摩擦破碎等，此外还有针对专有废物的低温破碎和混式破碎等。

3. 分选技术——固体废物资源化、减量化的重要手段

分选的基本原理是利用物料的某些性质方面的差异，将其分离开。一方面，通过分选将有用的成分选出来加以利用，将有害的成分分离出来；另一方面，将不同粒度级别的废弃物加以分离。例如，利用废弃物中的磁性和非磁性差别进行分离；利用粒径尺寸差别进行分离；利用比重差别进行分离等。分选方法有手工拣选、筛选、重力分选、磁力分选、涡电流分选、光学分选等。

4. 固化技术——最实用的处理方法

固化技术是通过向废物中添加固化基材，使有害固体废物固定或包容在惰性固化基材中的一种无害化处理方法。经过处理的固化产物应具有良好的抗渗透性、机械性、抗浸出性、抗干湿性、抗冻融性。现有固化技术有沉固化、沥青固化、玻璃固化及胶质固化等。

5. 焚烧和热解技术——有害变无害

焚烧法是固体废物高温分解和深度氧化的综合处理过程，好处是可使大量有害的废料分解而变成无害的物质。由于固体废物中可燃物的比例逐渐增加，采用焚烧方法处理固体废物，利用其热能已成为必然的发展趋势。此种处理方法所处理的固体废物量大，经处理的遗留物占地少。为保护环境，焚烧厂多设在10万人以上的大城

市，并设有能量回收系统。

6.生物处理技术——最有效的“分解式”

生物处理技术是利用微生物对有机固体废物的分解作用使固体废物无害化。生物处理技术可以使有机固体废物转化为能源、食品、饲料和肥料，还可以从废品和废渣中提取金属，是固体废物资源化的有效处理技术。可应用的行业包括堆肥、制沼气、废纤维素制糖、废纤维生产饲料、生物浸出等。

1.6　研究技术路线

根据国家和广东省对一般工业固体废物环境管理的要求，结合当地产业特色和固体废物的产生、处理和管理的情况，本项目组开展鞋材废料环境管理与资源化技术研究，研究项目总体包含立项、开题、研究和总结四部分。原惠州市环境保护局立项委托惠州市环境科学研究所和有关单位开展“惠东鞋业废弃物污染现状调查及处理处置技术研究”后，惠州市环境科学研究所于开题阶段先期进行了充分的现状调查和文献查阅，根据文献和现状调查情况制定了研究方案；而后，联合相关企事业单位，确定研究内容，筹备研究条件；具体研究阶段开展了鞋材废料用于塑胶跑道材料、衍生燃料、生物填料、建筑材料（保温混凝土）、热化学利用等方面的试验研究，开发了鞋材废料资源化利用技术等，同时结合实地调研提出了有针对性的环境管理对策；后期，对各子课题的研究和调查成果进行收集、梳理、分析、总结形成研究成果；最后，邀请了行业权威专家对研究成果进行评审，修改完善研究报告，同时将相应的新技术申报专利，通过成果鉴定后进行推广应用。“鞋业废弃物污染现状调查及处理处置技术研究”项目详细研究技术路线如图1-1所示。

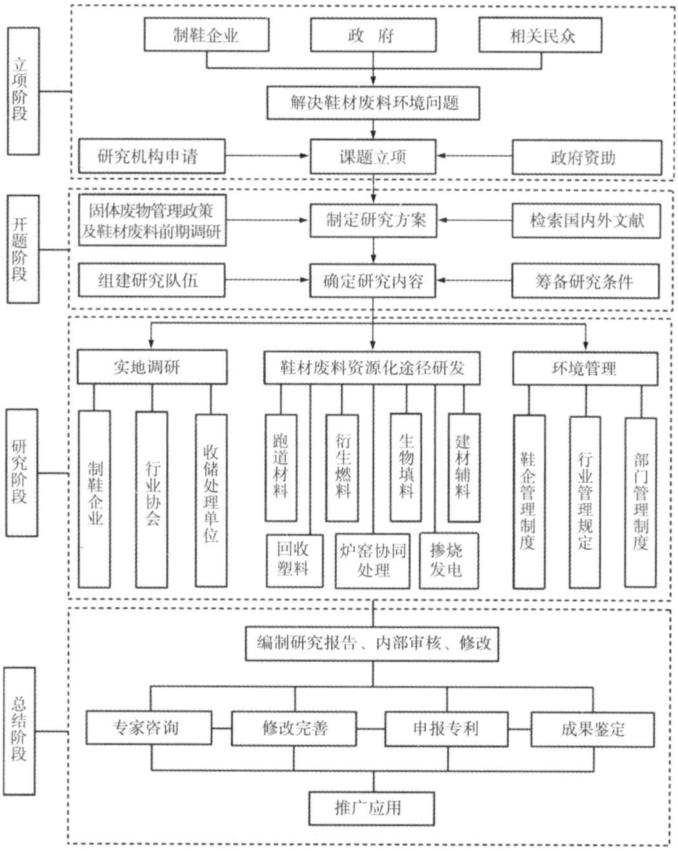

图1-1　“鞋业废弃物污染现状调查及处理处置技术研究”项目技术路线

第2章　惠东县鞋业发展及鞋材废料现状调查

2.1　惠东县制鞋业发展概况

惠东县位于广东省东南部，濒临大亚湾、红海湾，毗邻香港，紧靠深圳，全县陆地面积3535平方千米，海域面积3200平方千米，海岸线长218.3千米，总人口91万人，辖13个镇、1个街道和2个滨海旅游度假区。

近年来，惠东县农业经济全面发展，粮食连年丰收；工业产值快速增长，初步建立起以电子、机械、建材、服装、制鞋为龙头，门类比较齐全的工业体系；交通、通信、能源和市政基础设施日臻完善，投资环境不断优化，对外开放水平明显提高；个体私营经济初具规模，以黄埠、吉隆两镇为代表的个体私营制鞋业已发展成为惠东的支柱产业。

2015年惠东全县实现县域生产总值520.29亿元，增长14.5%；其中，第一产业42.68亿元，同比增长8.2%；第二产业243.59亿元，同比增长46.8%：第三产业234.02亿元，同比增长45.0%。

惠东制鞋业起源于20世纪80年代初，近40年来，经历了从无到有、从小到大、从家庭作坊到花园式厂房、从手工生产到机械化流水线生产的发展历程。2002年以来，惠东鞋业不断推进技术创新、产品创新、管理创新和营销创新，大力实施品牌战略，培育“香恋”“卡莱莉”“洛曼琪”“丹莉茜”等一批知名品牌，形成了一定规模的名牌商标群体。2002年以来，惠东县连续举办鞋文化节，有力促进了制鞋业快速发展，形成了原料供应、模具加工、成型组装、包装装潢、产品销售一条龙的，以时尚女鞋为主打产品的鞋业发展格局。2006年，惠东县先后被授予“广东女鞋名城”“广东省鞋材生产基地”和“中国女鞋生产基地”称号。制鞋产业已经成为惠东区域经济发展的主力军，在全省乃至全国鞋业中亦占有举足轻重的地位。广东省惠东鞋业已经呈现出产业集群的发展态势，产业规模不断壮大，品牌效应不断增强，有力地推动了当地的经济社会发展。全县现有鞋业企业3000多家，从业人员20多万人，年产鞋9亿多双，产品远销全国各大中城市及欧美、东南亚、非洲等80多个国家和地区。近年来，惠东鞋业发展呈现以下特征：

1.鞋业产业规模不断壮大

近20年来，惠东县紧紧抓住国家鼓励民营经济发展的契机，制定出台了《惠东县关于进一步加快民营经济发展的意见》《关于激活民间投资的意见》《关于构建我县鞋业经济区的实施方案》等文件，激励民间资本投资办厂，使鞋业产业规模不断壮大。2013年全县鞋业总产值达到278亿元，鞋业税收1.9亿元。其中，年销售收入500万元以上的企业114家，年产鞋50万双以上的企业有90家，年产值1000万元以上的企业有61家。制鞋企业中，有23家跻身惠州市民营企业100强，有7家进入“广东时尚女鞋100强”，有1家进入“广东男鞋十强”，1家进入“广东休闲鞋5强”，4家被中国皮革协会批准为真皮标志产品企业。

2.鞋业品牌效应不断增强

早在2000年，惠东县就制定了创名牌实施方案，引导和鼓励有实力、销量大、质量优、发展前景好的企业参与创名牌，并通过举办鞋文化节和组织企业参与各类经贸洽谈会、展销会等方式，积极向外宣传推介惠东女鞋，致力打造中国女鞋生产基地的品牌。从2002年起，惠东每两年举办一届大型的“中国惠东鞋文化节”，通过主题突出、高规格、高档次的集商贸、文化于一体的全国性鞋业盛会，吸引了来自世界各地的客商，更好地推动了惠东鞋业的发展，打响了惠东鞋业的品牌。通过举办鞋文化节，惠东成功地实现了“让商机走进来、让产品走出去”的战略目标。

在政府的大力支持和鼓励下，鞋业企业的创新意识明显增强，企业技术改造和新产品开发力度不断加大，创品牌工作实现重大突破。黄埠镇被评为广东省“制鞋专业镇”。名牌产品数量从最初的惠东县十大品牌，发展到现在的9个国家免检产品和24个广东省著名商标、8个广东省名牌产品。惠东女鞋已成为中国鞋业的“三驾马车”之一，与浙江温州的皮鞋、福建泉州的运动鞋齐驱并进。

3.鞋业聚集水平不断提升

近年来，惠东县坚持以黄埠和吉隆镇为中心，认真抓好黄埠镇领头洋工业园、龟山洋工业园，吉隆镇东洲洋、埔仔、石湖头、小溪洋工业园区，大岭镇沙梨园工业园区等鞋业经济园区建设，引导鞋业企业进园经营。目前，黄埠和吉隆两镇集中了全县70%以上的鞋业，另外约有30%分布在大岭镇和平山街道。成型的鞋业工业园中，吉隆鞋业工业园区有300多家制鞋企业进驻，大岭镇原沙梨园工业园区有100多家制鞋企业进园发展。正在规划建设的有占地面积6平方千米的鞋材生产基地、占地面积4.5平方千米的平山鞋业生产基地、珠三角产业转移园区10万平方米鞋业专区等。

4.鞋业的外向特色鲜明

惠东大力推进民营制鞋企业一般纳税人资格认定和申报自营进口经营权工作。全县有600多家中小企业取得一般纳税人资格，186家获得自营进出口经营权，建立了132个出口生产基地，有200多家企业采用网上促销方式，在北京、上海、天津等100多个国内大中城市以及俄罗斯、新加坡、马来西亚等50多个国家设立专卖店、连锁店、办事处1000多个，产品远销世界各地。

5.鞋业的拉动作用明显增强

鞋业在壮大经济总量、增加财税收入和城乡居民收入、扩大就业等方面发挥着相当重要的作用。鞋业占据了惠东县经济的半壁江山，制鞋业产值占全县工业总产值的三分之二，鞋业上交税款接近全县工商税收的20%；鞋业从业人员占全县工业从业人员的40%。鞋业产业的发展壮大，带旺了全县的人流、物流、资金流，特别是黄埠、吉隆两镇百业兴旺，交通运输、商贸、饮食服务业全面繁荣，有力地推动了县、镇经济社会发展。

6. 鞋业发展环境不断优化

各级政府高度关注鞋业发展，努力为企业发展排忧解难，支持鞋业企业做强做大。分别成立了惠州鞋业商会、鞋材商会等多个行业协会，引导企业规范经营；惠东县成立了行政服务中心，方便民营企业办理业务和投诉；对重点鞋业企业实行挂牌保护制度和“通行绿卡”制度，确定100家制鞋企业做为重点扶持对象，争取培育壮大一批鞋业企业；拨出200多万元重奖纳税大户、出口大户和创名牌大户；帮助中小企业招聘工人2万多名，缓解企业用工压力；金融部门累计向鞋业企业发放贷款10.6亿元，帮助企业扩大生产；每年争取上级科技、经贸等部门专项资金1000多万元，帮助企业申报技术改造、技术创新项目；设立了省鞋业专业镇技术创新中心、省级鞋类产品质检中心，拟定鞋业生产质量标准体系，提升产品质量水平。多次组织开展鞋业生产经营秩序专项整治，督促企业完善消防、环保、税务、工商等相关手续，严厉打击黑恶势力垄断经营、制假贩假、逃废债务等扰乱生产经营秩序的行为，进一步规范鞋业生产经营秩序，促进鞋业经济健康发展。

惠东地区的制鞋业主要分布在平山大岭、吉隆、黄埠等区域，主要生产女鞋，制鞋工厂生产的货源分为外单（外贸出口）和国内单（市场单）。在制鞋的过程中，外单相对内单来说比较严格，在鞋款的外观、材质、黏接效果等方面也要求更高。

靠女鞋迅速致富的惠东在过往的许多年中屡屡被人提及，不过，一个显而易见的事实是，行业之外的人对它知之甚少。低端制造业交出的庞大数字并不能掩盖惠东女鞋自身的尴尬：这个头顶“中国女鞋生产基地”的制造业重镇在近30年的发展历程中一直缺乏知名的品牌。2011年12月22日，惠东县人民政府在向广东省外经贸厅做的鞋业发展情况汇报中提到，“惠东县制鞋业没有一个‘中国驰名商标’或‘中国名牌产品’。”一个更为重要的因素是，曾经给惠东带来繁荣的女鞋制造业也面临珠三角其他专业镇一样的困境：原材料价格上涨、资金乏力、不断上涨的人力成本、缺乏有品牌知名度的企业、设计水平低下，更为严重的是当地所付出的沉重的环境代价。

2.2 惠东县部分镇鞋业发展概况

2.2.1 黄埠镇鞋业发展概况

黄埠镇地处惠东县南部沿海，总面积97.7平方千米，海岸线44.5千米，南连红海湾，总人口约20万，其中户籍人口4.1万人，外来人口约16万人，历来商贸较为发达，是货物集散之地，素有“黄金埠头”的美誉。取名“黄埠”，有中心埠头之意。

2014年，黄埠镇实现地区生产总值41.14亿元，同比增长14.8%；其中，第一产业1.90亿元，同比增长5.2%；第二产业28.08亿元，同比增长17.3%：第三产业11.16亿元，同比增长8.5%。三大产业比例4.6∶68.3∶27. 1。全社会固定资产投资12.48亿元，同比增长22.1%；国税和地税收入共4.32亿元；农民人均纯年收入12 503元，同比增长11%。

黄埠镇是广东省鞋业技术创新中心镇，素有“中国女鞋生产基地”和“广东省女鞋名城”之称。

制鞋业是黄埠镇的支柱产业。黄埠鞋业兴起于1981年，随后辐射到吉隆镇，最近几年又陆续延伸到平山等镇。2002年10月，黄埠镇被省科技厅认定为“广东省专业镇技术创新试点单位”，开始了以技术创新促进产业结构提升、以技术创新带动鞋业发展的热潮，从而带动了惠东鞋业的规模化发展。

目前，全镇拥有鞋业企业1470家，包括鞋料店358家，鞋材加工厂247家，制鞋厂865家；机械化制鞋流水线163条，规模（年销售收入2000万元）以上鞋业企业51家，年产鞋近6亿双。

目前，黄埠镇有广东省著名商标12个，广东省名牌产品4个，惠州市知名商标21个，形成了具有一定规模的名牌商标群体。同时，信利达、天鹅星、远东、福华等数十家制鞋企业通过了ISO9001、ISO9002认证。

制鞋业作为黄埠的支柱产业，政府高度重视其科技投入和发展。2007年相继成立广东专业镇鞋业技术创新中心、广东省鞋类产品质量监督检验站（惠东）和技术培训中心。为鞋业提供信息化体验、信息咨询、研究开发、科技创新、产品检测、人员培训等全方位的服务，同时也为知识产权示范专业镇的建设提供宝贵的经验。

2009年，“鞋业专业镇知识产权行动示范镇”项目得到广东省科技厅的批准，该项目使用信息技术改造和提升传统的制鞋业，提高鞋业企业的自主创新能力，为广大的制鞋企业提供品牌创建、管理、开发等信息和服务，推动知识专利产权保护和产业的持续发展，进一步改善了知识产权保护环境。

黄埠鞋业的中介机构主要分为两种类型：进出口贸易公司（接单和销售环节）和黄埠商会。

（1）进出口贸易公司。由于黄埠制鞋企业是以代工、贴牌经营模式为主，几乎所有的制鞋厂都不涉足销售环节，黄埠从事鞋品销售的人员在全镇鞋业产业从业人员中所占比例不到1%，而黄埠鞋产品60%出口到海外市场，多数是通过外贸公司进行运作，所以进出口外贸公司在黄埠鞋业发展历程中发挥着非常重要的作用。从另一个角度说，外贸公司捆绑了黄埠鞋业的发展。外贸公司可以根据客户的需求选择相应类型的制鞋厂，并在制鞋厂之间相互压价，并要求制鞋厂从指定的鞋料店采购原材料，以及在指定机构做成品鞋产品检测。总之，外贸公司为黄埠制鞋厂提供订单，保证了制鞋厂的业务，但同时限制了黄埠制鞋企业的发展，制鞋企业只能从中赚取微薄的利润。并且，由于长期以来对外贸公司的依赖性，在国际经济萧条时期，这类制鞋企业的抗风险能力较弱。

（2）黄埠商会。20世纪80年代以来，黄埠镇坚持实施“工业兴镇、鞋业富镇、商贸活镇”战略，大力发展地方经济。在这个战略指引下，制鞋业迅猛发展，于1998年催生了黄埠鞋业商会。黄埠鞋业商会为了适应新的形势，于2007年5月新成立了覆盖面更为广泛的黄埠商会。但是，由于经费有限，黄埠商会很难正常运作，且由于商会主要领导，如会长、副会长等，都是由黄埠鞋业的主要龙头企业企业主担任，他们很难同时兼顾自身企业的发展以及商会的运营管理。

2.2.2 吉隆镇鞋业发展概况

吉隆镇地处广东省惠州市东南部，面临红海湾，背靠莲花山，东连潮汕，西接深圳，是国家重点镇、广东省中心镇、制鞋专业镇。全镇总面积125平方千米，城镇建成区面积8平方千米，交通便利，资源丰富，商贸兴旺；全镇总人口16万多人，其中户籍人口3.7万人，外来人口12万多人；辖1个社区和7个行政村。

作为全国闻名的女装时尚鞋制造基地，吉隆镇已形成了以制鞋业为龙头，兼有鞋材加工，皮革、塑料、五金、纸品包装生产销售等颇具地方特色的工业体系，鞋产品款式时尚、品种齐全，产品远销国内外大中城市。2014年底，全镇有制鞋企业及鞋材配套企业3329家，其中制鞋企业2264家，鞋材配套厂474家，鞋料店591家；有国家驰名商标1个，国家免检产品5个，广东省著名商标7个，广东省名牌产品6个，惠州市知名商标13个，惠州市名优产品14个；有6家企业被惠州市评为惠州市百强企业。全镇各家企业在国内设立销售网点800多个，产品除畅销国内各大、中城市外，还远销欧洲、非洲。

经过30多年的发展，吉隆鞋业已逐步从手工作坊向机械化、标准化、品牌化方向发展，并积极引进现代化科学管理模式和专业技术人才，引进先进的制鞋专业生产设备。同时，服务鞋业的行业协会、出口代理商、质量检测、技术培训等鞋业创新服务平台不断完善。目前，全镇有自动化制鞋流水线100多条，有行业协会2个，有省级产学研合作示范基地2个、市级鞋业工程技术研究开发中心2个、鞋业技术培训学校2个、专家工作站1个，建有集工业设计、检验检测、电子商务于一体的鞋业综合服务平台。

吉隆制鞋业迅速发展，已形成了制鞋、鞋材、制鞋技术、流通市场等配套齐全、分工协作的制鞋体系和专业化、规模化、集约化的发展格局，并全力向生产基地化、营销网络化、产品名优化、市场国际化、规模集团化的方向发展。创建了惠东县第一家鞋业集团企业——广东香恋鞋业股份有限公司；建有黄大吉鞋材商贸城、粤东国际鞋材市场两大鞋材市场；东洲洋、石湖头、埔仔等三大鞋业工业园区日益完善，园区内已落户制鞋相关经营单位60多家，鞋产品设计、原材料组织、模具加工、成型组装等制鞋工序基本可在鞋业工业园区内完成。

惠东县吉隆鞋业商会主要是由惠东县吉隆地区从事鞋产品生产、加工，鞋材鞋机销售、物流、服务等相关企业和热心人士，以及广东省内从事鞋类贸易企业自愿组成的非营利性社团组织，于2006年经惠东县民政局批准挂牌成立。现有160家制鞋企业加入鞋业商会。

由于吉隆镇以制鞋产业为主，而制鞋业为劳动密集型产业，需要大量的产业工人，以致生活垃圾、鞋业生产废料多，由此带来了严重的环境问题。

2.3 惠东县鞋材废料现状调查

2.3.1 调查目的

惠东县是中国女鞋生产基地，以黄埠、吉隆两镇为代表的个体私营制鞋业已发展成为惠东的支柱产业。在鞋的生产过程中会产生大量的鞋材废料，若这些废料得不到合理的利用和处置，不仅是资源和能源的浪费，而且存在污染环境的巨大风险。通过调查，可弄清惠东鞋业固体废料的主要种类、数量、处理处置方式和存在的问题，为鞋材废料的管理和资源化利用提供参考。

2.3.2 调查方法

本次主要采取走访调查方法，走访了部分鞋厂、垃圾中转站、垃圾填埋场、鞋材废料处理企业、垃圾焚烧厂，同时咨询环保部门、环卫部门、鞋业商会有关专家领导。

2.3.3 调查范围

本次调查范围主要包括吉隆镇、黄埠镇。

2.3.4 调查结果

2.3.4.1 制鞋工艺流程

1.鞋的基本构造

（1）鞋子面料。鞋子外表层是整个鞋子的外观所在。惠东鞋业制鞋面料大多为革，而革分为天然皮革及人造革两大类，各自具有不同的材质、结构和性能，其中人造革由聚氯乙烯树脂和适当的添加剂所组成，天然皮革又以牛皮、羊皮、猪皮等较为常见。

（2）鞋子内里。用于制作鞋里的部分称为内里，俗称“里皮”。一般情况下靴子和春秋鞋基本都有内里，凉鞋可有可无。

内里一般分为两大类，真皮内里及人造革内里。真皮内里以牛皮、羊皮、猪皮等较为常见，合成革内里以热塑性橡胶（TPR）、聚氯乙烯（PVC）、聚氨酯（PU）等较为常见。

（3）鞋子中底皮。俗称“鞋垫”“垫脚”。

（4）鞋子防水台。可分为内水台、外水台和内外水台三种。防水台主要作用就是增加鞋的高度，俗称“矮人的增高台”。

（5）鞋子中底。鞋子中底也称“鞋子的骨架”，鞋子的定型跟支撑全部靠它，中底中间有一块钢条（称“勾心”）支撑着整个鞋子。所以，鞋跟高度越高的鞋子，对中底和钢条的要求就越高，这两者的质量不达标就容易出现脱跟等问题。

（6）鞋子大底。分为真皮大底、皮浆底、橡胶底、牛筋底等等。普通鞋子以“橡胶底”为主，而高档鞋则使用真皮大底。

（7）鞋子鞋跟。鞋跟分很多种，按形状可分为酒杯跟、锥形跟、匕首跟、7字跟、柱形跟、马蹄跟和艺术跟等。

2.鞋的分类

（1）以鞋帮材料划分：主要有皮鞋、布鞋、胶鞋、塑料鞋、人造革鞋。不同的材料有不同的特点，在生产、销售、购买的过程中都要有所了解。

①皮鞋：典型的皮鞋从鞋帮到鞋底、从鞋面到鞋里、从主跟到包头、从鞋跟到内底，全都是用天然皮革材料制成。现在的皮鞋，主要是帮面使用天然皮革材料。

②布鞋：传统的布鞋全是用布料制成，除了布面的鞋帮外，鞋底也是用旧布料打成“袼褙”，再纳成鞋底。现在的布鞋面料非常丰富，但有许多鞋底采用的是塑胶底。

③胶鞋：除了雨鞋、水鞋、套鞋类的产品属于胶鞋以外，各种布面胶底鞋也划分在胶鞋里，这是一种传统的划分方法。一般在橡胶鞋厂里生产这些产品。

④塑料鞋：典型的产品就是全塑凉鞋、全塑拖鞋，采用注塑成型工艺生产，效率非常高。

⑤人造革鞋：包括人造革鞋、合成革鞋，也包括超细纤维革鞋。在强调“真皮制作”的年代，人造革鞋总会给人以“假冒”的感觉；随着人们视野的开阔、认识的提高，人造革鞋已被广大顾客所接受。

（2）以鞋底材料划分：主要有皮革底、橡胶底、塑料底、橡塑底、布底、木底等。按鞋底来划分是为了与鞋帮协调搭配，也是为了突出个性，在行业内部最常用。

①皮革底：由于材质好，常制作成高档鞋，外观效果质朴，穿着舒适，有品位。

②橡胶底：利用橡胶做鞋底的历史悠久，特别是在运动鞋底的应用上。橡胶以其高弹性、高耐磨性著称。其中采用天然橡胶制作的牛筋底、采用聚苯乙烯制作的仿皮底，都受到消费者的欢迎。但是由于橡胶材质的密度大、比较沉，其又常被轻质塑料代替。

③塑料底：早期开发的塑料底并不理想，例如PVC底遇冷变硬，容易折断，还不防滑，改进后性能变好。近些年来的PU底、TPU底、EVA底、MD底，以及布鞋上的PE底，都成了后起之秀。

④布底：用布制作鞋底主要应用于布鞋，具有轻便、透气、舒适的特点，比较受老年朋友的欢迎。

⑤木底：木底鞋以拖鞋为多，凉爽、无臭味，但是走路不能弯折，所以应该有较

大的前跷，以方便行走。以木料做中底，特别是作高台底鞋的中底，比较轻便，而且便于加工。

3. 工艺流程

制鞋包含鞋形开发、鞋面加工、鞋底生产、面底结合等多道工序。工艺流程如图 2–1 所示，主要包括裁断、帮面针车、贴底成型和整理包装四个部分。根据各工序的特点将车间分为面部车间（或者针车车间）和成型车间。若需对大底和中底进行处理，则有独立的组底车间。

图 2–1　制鞋工艺流程

面部车间包括裁断和帮面针车两道工序。裁断主要是根据纸板模将面料、里料和辅料等裁剪成各种形状。帮面针车指按由里到外的顺序将裁剪的物料车缝成帮面，包括头里拼缝，边里后方处拼缝，头、边里拼缝。部分拼缝需要用到胶粘剂。

成型车间包括贴底成型和整理包装两道工序。贴底成型即鞋底和帮面的贴合，广东省制鞋行业基本上都采用胶粘工艺，通过胶粘剂将鞋底和帮面粘结组合，流水线生产，成型线长 50～100m，分为前段、中段、后段三部分。

组底车间是将各种鞋底组件，如 LOGO、气垫材料、垫片等通过胶粘剂粘在大底上使其成为一个完整的大底，其工艺流程如图 2–2 所示。

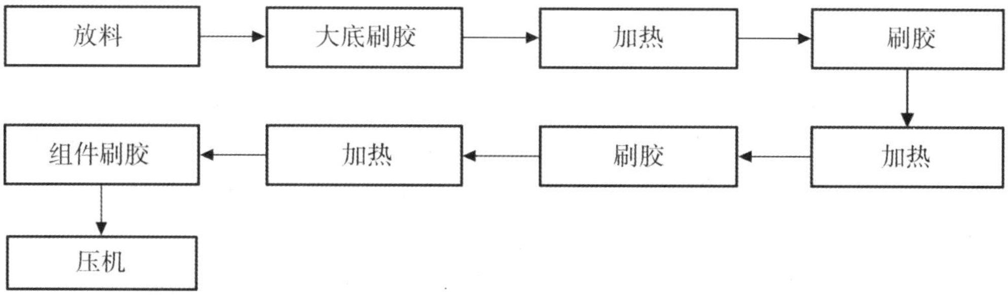

图 2–2　组底工艺流程

2.3.4.2　鞋材废料种类与特性

制鞋业废弃物的种类非常广泛。其中鞋材废料主要来源于面料、内里、大底、中底等需要切割而成的部料的生产过程。

1. 废料的种类

惠东鞋厂一般生产使用的材料大概可分为面材、里材以及底材。由此会产生面材废料、里材废料及底材废料。

（1）面材废料：主要是皮革、合成革、再生革、帆布、网布、咔叽、哔叽等纤维织物及高分子材料和塑料等。

（2）里材废料：主要是合成革、棉布、纺织布、无纺布、网布、毛巾布、内里布、海绵等。

（3）鞋底废料：鞋底废料主要有橡胶、塑料、皮革和橡塑材料以及中底板普遍所采用的纤维硬纸板等。

橡胶废料约占鞋底废料的一半，它包括天然橡胶（NR）、丁苯橡胶（SBR）、顺丁橡胶（BR）、异戊橡胶（IR）、氯丁橡胶（CR）、三元乙丙橡胶（EPDM）、丁腈橡胶（NBR）等。鞋材废料中最常见的为NR，SBR，BR。

塑料废料有聚乙烯（PE）、增塑聚氯乙烯（SPVC）、聚乙烯醋酸乙烯酯（EVA）、聚丙烯（PP）、热塑性橡胶（TPR）、聚氨酯（PU）等。

2.废料特性

废料特性指固体废物的含水率、孔隙率、容重、热值、挥发分、灰分、可燃组分等。

（1）鞋底废料的特性：含水率、空隙率等相对较低；容重相对鞋面废料较大；不会挥发，无灰分，热值较高。

鞋底要具备耐磨、耐水、耐油、耐热、耐压、耐冲击、弹性好、容易适合脚型、定型后不易变形、保温、易吸收湿气等特征，同时更要配合中底，在走路换脚时有刹车作用不致滑倒及易于停步等，因此鞋底材料的含水率、空隙率等相对较低；容重相对鞋面材料则较大，才能使鞋子稳定；而且不会挥发，无灰分，EVA、橡胶、纤维中底板等都是有机物质，热值较高。因此鞋底废料也具有以上特性。

（2）鞋面废料的特性：孔隙率相对较大，容重偏低；热值较大，可焚烧，但会放出有害气体。

鞋面不需要像鞋底那样具有耐磨、耐水等物理性能，鞋面材料更注重装饰性。因此鞋面废料在特性上，孔隙率相对较大，容重偏低；但是，鞋面废料同样也是PU、聚氨酯等化纤物质，都是热值较大的可燃物质，可焚烧，但会产生有害气体。

（3）橡胶的特性：

①具有高弹性。橡胶的弹性模量小，一般在1～9.8MPa。伸长变形大，伸长率可高达100%，仍表现有可恢复的特性，并能在很宽的温度（-50～+150℃）范围内保持弹性。

②具有黏弹性。橡胶是黏弹性体，由于大分子间作用力的存在，使橡胶受外力作用产生形变时受时间、温度等条件的影响，表现出明显的应力松弛和蠕变现象，在振动或交变应力等周期作用下，产生滞后损失。

③具有缓冲减震作用。橡胶对声音及振动的传播有缓和作用，可利用这一特点来消除噪声和振动。

④具有电绝缘性。橡胶和塑胶一样是电绝缘材料。例如天然橡胶和丁基橡胶的体积电阻可达到10欧姆（Ω）。

⑤具有温度依赖性。高分子材料一般都受温度影响，橡胶在低温时处于玻璃态，变硬变脆，在高温时则发生软化、熔融、热氧化、热分解以至燃烧等。

⑥具有老化现象。如同金属腐蚀、木材腐朽、岩石风化一样，橡胶也会因环境条件变化而发生老化，性能变差，使用寿命缩短。

⑦必须进行硫化。橡胶必须加入硫黄或其他能使橡胶硫化（或交联）的物质，使橡胶大分子交联成空间网状结构，才能得到具有使用价值的橡胶制品；但是热塑橡胶可不必硫化。

（4）塑料的特性：

①大多数塑料质轻，化学性质稳定，不会发生锈蚀；

②耐冲击性好；

③具有较好的透明性和耐磨耗性；

④绝缘性好，导热性低；

⑤一般成型性、着色性好，加工成本低；

⑥大部分塑料耐热性差，热膨胀率大，易燃烧；

⑦尺寸稳定性差，容易变形；

⑧多数塑料耐低温性差，低温下变脆；

⑨容易老化；

⑩某些塑料易溶于溶剂。

2.3.4.3　鞋材废料处理处置现状

1. 废料数量

（1）近年来鞋材废料产生情况

根据现场实际调研推算，2015年整个惠东县每天约产生300 t鞋材废料。鞋业边角料占总用料量的20%～40%。

黄埠镇的鞋材废料量为25～45 t/d，往年制鞋业景气的时候，鞋材废料可达60 t/d。

吉隆镇的城乡垃圾总量为230～250t/d，其中包括农村垃圾、城市生活垃圾以及工业废料等。往年，制鞋业景气时期，全镇垃圾可以达到300～330 t/d。吉隆镇的垃圾中，鞋材废料约为120 t/d，约占吉隆镇垃圾总量的一半，其中可回收利用的废料20～30 t/d，被废品公司回收的有20～30 t/d。

（2）近期（2020年）鞋材废料量的预测

惠东县鞋业始于1981年，30多年来，经历了从小到大，从家庭作坊到花园式厂房、从手工生产到机械化流水线生产的发展历程。直至2014年底，全县拥有鞋业企业6000多家。从业人员20多万人，年产鞋9亿多双，产品远销全国各大中城市及欧美、东南亚、非洲等80多个国家和地区。

吉隆镇，早在2003年底，全镇制鞋厂已发展到1059家、鞋料店280家、鞋材企业

30多家，鞋产量达1.4亿双，鞋业总产值达20.9亿元。直至2013年，全镇拥有制鞋企业2264家、鞋材生产加工企业474家、鞋料销售企业591家，规模以上企业32家，年产鞋5亿多双，从业工人约11万人。

黄埠镇制鞋业的迅猛发展，有力地拉动了其他产业的发展，形成了以制鞋为龙头，兼有鞋材生产与加工，皮革塑料、五金、纸品包装、印刷、针织品、建材等加工生产颇具地方特色的工业体系。现有鞋厂、鞋材配套厂、鞋料店3160家，共有机械化流水生产线164条，从业人员近10万人，年产鞋3亿双。

黄埠镇鞋业发展相对于吉隆镇较早，但吉隆镇的鞋业发展迅猛，逐渐成为惠东县的主体部分，占惠东县经济收入一大部分。两镇过去多年的数据和2020年的预测如表2–1和图2–3所示。

表2–1　吉隆镇与黄埠镇鞋及废料产生量历年数据及预测

鞋及废料产生量		2003年	2013年	2015年	2020年预测
鞋产量/(双)	吉隆	1.4亿	6亿	5亿	5亿
	黄埠	2亿	3亿	2亿	2亿
废料量/(t/d)	吉隆	20～35	145～160	120～130	110左右
	黄埠	25～45	40～60	25～45	30左右

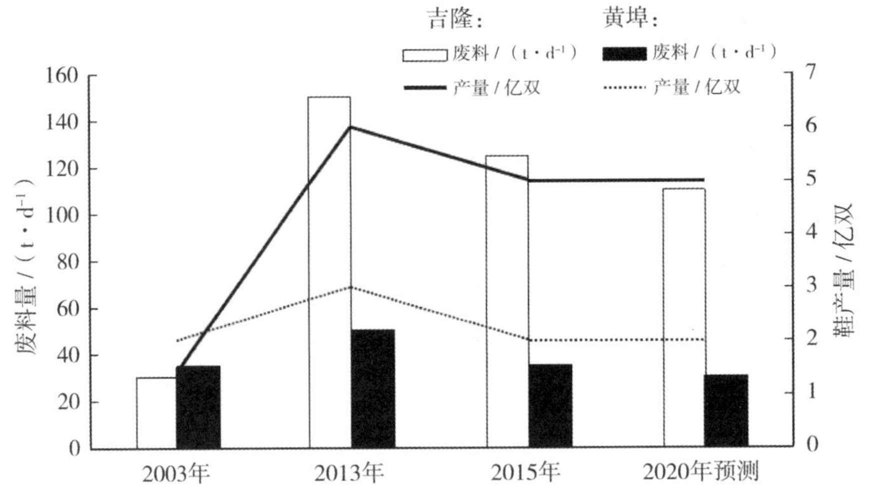

图2–3　两镇近年来废料数据及产鞋量预测

鞋材废料的产生量随着制鞋产业的兴衰而变化，在兴旺的年份，产生的废料就较多。惠东鞋业发展在2013年到达巅峰，但近两年来，鞋业发展有些下滑，产生的废料量也相对下降，但是仍然是一个可观的量。从2015年到2020年，面对行业的不景气，必须寻找出路扩大生产，制鞋企业开始借助电商发展；但想要达到2013年的盛景，估计比较难。对2020年数据的预测，跟2015年大致相似，预估每生产1万双鞋将产生0.73 t废料。由于这些废料包括可回收的鞋底废料和不可回收的鞋面废料，且可回收的鞋底废料，部分会被废品回收小贩、回收厂等优先回收。因此，在统计的废料总量中，可回收废料占比估计在20%左右。

2.鞋材废料的收集贮存现状

（1）厂区内鞋材废料的收集、贮存

惠东制鞋业以小作坊居多，小作坊与规模制鞋企业对鞋材废料收集、贮存情况略有不同。

小作坊类企业由于经营管理落后，制鞋边角废料堆放杂乱，多是混入生活垃圾中，由环卫工人清理。

规模较大的制鞋企业一般设有专门的废料存放区用于存放鞋材废料，但废料并无分类放置，只是简单堆放。在所调查的制鞋企业中，黄埠镇某制鞋企业废料存放具有一定的代表性，呈现出：无分区、无防雨遮挡设施。如图2–4所示，鞋材废料堆放区是一个普通的货车斗，所有的废料都混着被丢进这个货车斗里，由回收废品的小贩和垃圾转运工人自行分类拾取。贮存区域内，没有设置废料放置的区域，同时也没有设置雨棚防水，雨水对垃圾的浸泡将会加大废料的处理难度。据了解，黄埠镇和吉隆镇的制鞋企业中，能够设置较好废料贮存区域的只有小部分。

设置废料分类贮存区域，对于废料的处理处置是很重要的。同时，设置雨棚防水或建造废品垃圾房，有利于鞋材废料的后续处理处置。

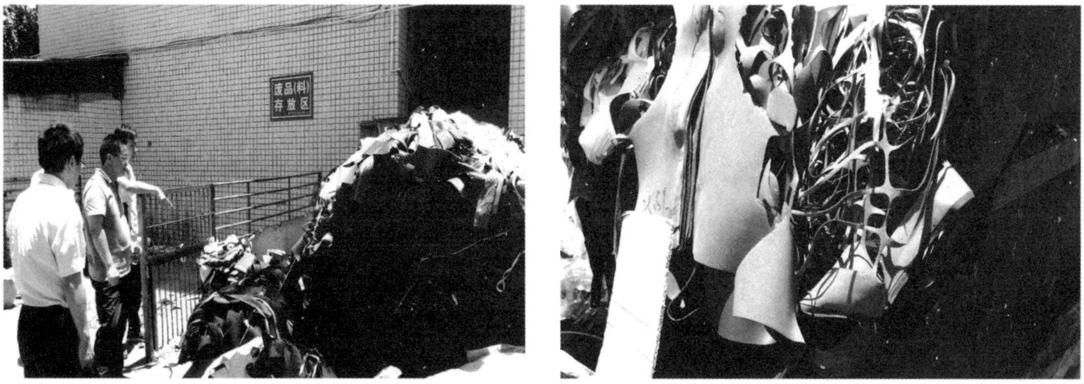

图2–4　某制鞋厂随意堆放在废品存放区的鞋材废料

（2）区域鞋材废料的收集、贮存

镇内划出一些生活垃圾堆放点，但是不可回收的鞋材废料量越来越多了，逐渐超过了生活垃圾的量，占据了这些垃圾堆放点，如图2–5所示。同时，政府在每个街道也设了垃圾池等收集城市生活垃圾。但是制鞋小作坊往往将鞋材废料随意扔在垃圾池中，这些鞋材废料被当作生活垃圾处理了。鞋材废料堆放杂乱无章，与城市整体形象极不协调，而且存在安全隐患。

（a）社区生活垃圾堆放点　　（b）街道的垃圾池

图2–5　区域鞋材废料的收集和贮存

3. 鞋材废料的收集和运输现状

（1）鞋材废料的收集方式

固体废物的收集方法包括定期收集、随时收集、混合收集、分类收集。收集的人员主要是废品回收小贩和环卫工人。环卫工人采取的是定时收集和混合收集的方式，而废品回收小贩的收集是随时收集，只收集废料中有回收价值的废料。废料的回收未采取分类回收，不利于废物的资源化处理，提高了废料后续处理处置的成本。

废料的分类收集是指按照废料的成分、属性、利用价值、对环境影响以及现有处理方式的要求，分离不同类别的若干种类。欧美发达国家与国内城市的垃圾分类经验告诉我们：垃圾的分类收集是垃圾进行科学处理的前提，为垃圾的减量化、资源化、无害化处理奠定基础。

（2）鞋材废料收集运输容器与工具

各种鞋材废料的收集，大多都是相对落后的人工操作。废品回收小贩对制鞋企业内部的废品存放区进行人工分拣，将有回收利用价值的废料装入脚踏三轮车，运送到废料交易站，再通过货车将各类废料分别运送到对应的处理厂出售，完成整条可回收废料的收集线路。而不可回收的鞋面废料，规模化制鞋企业的废料，在惠东垃圾焚烧厂建成前，环卫部门会专门雇人开垃圾车将其运往中转站或打包场，而路边随意丢弃的废料则由定点环卫工人用手推车收集运往生活垃圾堆放点，再由垃圾车装载运往垃圾中转站（如图2–6所示），最后与生活垃圾一起填埋处理，而打包场将废料用打包机压缩打包，再运送到外地焚烧。

鞋材废料的运输工具跟城市生活垃圾的运输工具差不多，分为压缩型垃圾车、运输大货车、手推车、脚踏三轮车等。数量方面，脚踏三轮车基本两个环卫工人就会配一辆，而垃圾车跟大货车就相对较少。

（3）收集范围与收集人员数量

进行鞋材废料收集工作的不仅仅有两镇的环卫工人，还有大量的拾荒者。环卫工人的主要工作是收运生活垃圾，因镇内存在许多家庭式作坊，故生活垃圾中也混有大量的鞋材废料；拾荒者以收运可回收废料为业，是鞋材废料收集的主体。其收集人数相对较多，难以进行统计。

（a）黄埠镇垃圾转运站　　（b）吉隆镇的垃圾转运站

图2-6　垃圾转运站

而收集路线方面，每个拾荒者都有着特定的回收路线，人数较多，亦难以统计。因拾荒者是以拾取可回收废料为业，在收集方面往往能比较彻底。对于不可回收的废料合理规划收集路线统一收集即可。

每辆收集车配备收集工人人数视车辆型号大小、机械化作业程度、垃圾容器放置点与容器类型等情形而确定。一般情况，除司机外，人力装车的2 t简易自卸车配2人；人力装车的4 t简易自卸车配2～4人；多功能车配1人；侧装密封车配2人。

（4）运输量

吉隆镇距惠东县城填埋场约60千米。鞋材废料密度相对较低，一辆大垃圾车可载1～2 t的废料，按每天产生120 t计算则每天要发60车左右，造成了高额的运费。所以部分运送方将这类不可回收的废料直接露天焚烧，但近两年这种现象变少了。

黄埠镇的鞋材废料量相对较少，运送调度相对较易。前文提到，黄埠镇的鞋材废料每天有25～45 t，90%的废料被垃圾中转站旁的打包场承包打包运往汕尾焚烧，剩下的10%与生活垃圾混合运往填埋场填埋。黄埠镇的打包场距离填埋场约30千米，往返距离60千米左右。而每天运往汕尾的废料量需发车20辆左右。

（5）运输路线及距离

在不可回收废料方面，对于压缩型垃圾运输车，其职责就是每天循环在镇内大街收集各垃圾堆积处的垃圾，再运输到垃圾转运站，有固定的路线。手推垃圾车以及脚踏三轮车则收集大型车不能进的小巷中的垃圾。通常那些家庭小作坊，处于城区内部，鞋材废料往往就直接抛弃在门前的小巷里，大型垃圾车难以进入，往往需要这种手推垃圾车以及脚踏三轮车收集。所以手推垃圾车以及脚踏三轮车运输路线相对复杂，交织在镇区内，运输距离相对较短；而大型垃圾车主要任务就是将垃圾转运站的垃圾运送到指定地点，如填埋场，或者外市，运输路线相对单一，但运输距离大。

对于可回收废料，每天都有着拾荒者用脚踏三轮车进行收集，交付到各处的废料交易站。有固定的运输路线，运输距离也相对较短；交付到废料交易站的可回收废料，由其合作的废料回收厂用大货车进行运输，其运输路线同样单一，而运输距离有到镇内的，也有到镇外的，距离不等，但是相对较大。

随着惠东县生活垃圾焚烧发电项目的投入使用，鞋材废料的运输得到政府的监管与投入，露天焚烧的情况得到了较好的控制。

4.鞋材废料处理处置路线

（1）规模化鞋厂废料处理处置路线

规模化的鞋厂鞋材废料会先在厂区内分类打包后堆放在鞋厂设置的废品存放区，有价值的废料卖给废品回收小贩，无回收价值的废料将被环卫垃圾车拉到当地的垃圾中转站，连同生活垃圾一起进入城镇生活垃圾填埋场进行处理或运往外地焚烧处理，每月的卫生费几百到一千元。而被废品回收点回收的废料将卖给当地的废品回收站，废品回收站再转手卖给更大的废品回收厂或废品处理厂。当地无法回收处理的废料将被运到外地的收购商处理或交惠东垃圾焚烧厂处理。

鞋材废料处理主要分为可回收利用废料处理与不可回收利用废料处理两条路线。可回收利用废料处理路径如图2–7所示，不可回收利用废料处理路径如图2–8所示。

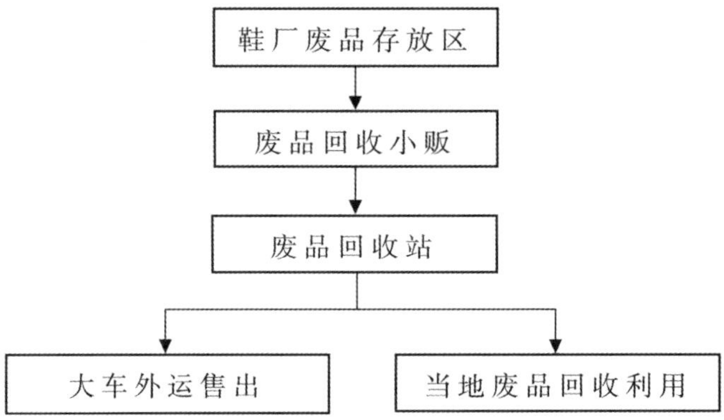

图2–7　可回收利用鞋材废料处理路径

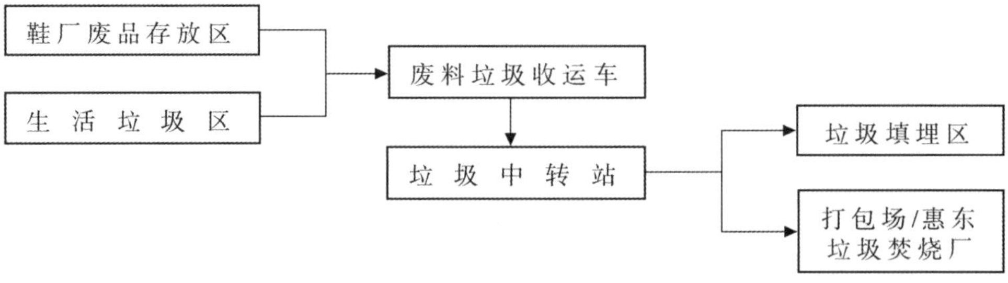

图2–8　不可回收利用鞋材废料处理路径

目前惠东县的制鞋固体废物主要通过三种方式进行处理处置，第一种是填埋，第二种是回收利用，第三种是打包外运焚烧。如图2–9所示，鞋材废料大部分被打包外运焚烧，只有小部分被回收利用。

5. 吉隆镇与黄埠填埋场利用现状

（1）黄埠镇填埋场利用现状

早期黄埠镇原有垃圾主要通过环卫部门统一收集清运后运往惠东县黄埠镇新寮埔垃圾填埋场进行填埋处理。该垃圾填埋场位于黄埠镇西南部，占地面积约10万平方米，建设规模130 t/d。根据《惠东县环境保护责任考核（2009年）》，生活垃圾无害化处理情况见表2–2。

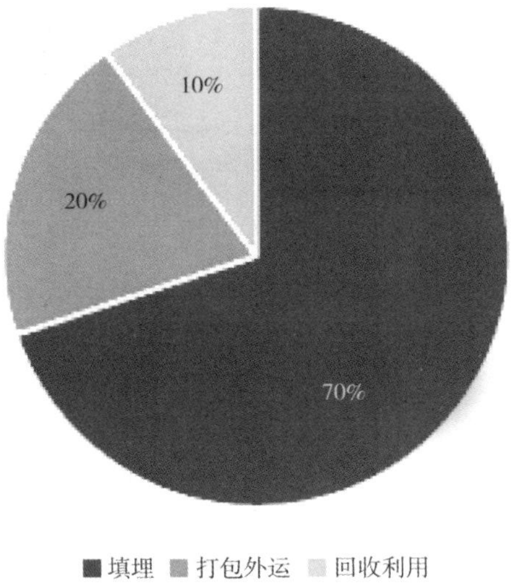

图2–9　惠东县废料主要处理方式及所占比例

表2–2　2009年黄埠镇生活垃圾无害化处理情况统计表

生活垃圾产生量/万t	无害化处理量/万t	无害化率	处理方法	
			卫生填埋/万t	综合利用/万t
1.15	0.69	60%	0.69	—

（2）吉隆镇填埋场利用现状

早期吉隆镇垃圾主要通过环卫部门统一收集清运后运往惠东县吉隆镇垃圾填埋场进行填埋处理，如图2–10、2–11所示。该垃圾填埋场位于吉隆平政村白云仔三鹅石山凹处，占地面积66 670平方米，建设规模180t/d。根据《惠东县环境保护责任考核（2009年）》，生活垃圾无害化处理情况见表2–3。

表 2–3　2009 年吉隆镇生活垃圾无害化处理情况统计表

生活垃圾产生量/万 t	无害化处理量/万 t	无害化率/%	处理方法	
			卫生填埋/万 t	综合利用/万 t
1.12	0.84	75	0.59	0.25

目前，黄埠镇填埋场和吉隆镇填埋场已封场，两镇垃圾现由环卫部门统一收集清运后运往惠东县生活垃圾焚烧厂处理。

图 2–10　工业垃圾装载点

图 2–11　黄埠当地的简易垃圾填埋场

6. 鞋材废料的回收利用现状

在鞋材废料中可回收利用的废料包括废塑料、废橡胶、废泡沫、废纸板和废铁罐，而不能回收的是人造皮革废料。回收人员为当地的废品回收小贩和环卫工人。路边随意丢弃的鞋材废料由环卫工人利用手推垃圾车收集或由拾荒者收集，而当地规模化鞋厂中有价值的废料大部分被废品回收小贩用三轮车拉走，运到附近的废品回收站卖掉，剩下的无回收利用价值的废料则由当地镇政府专门雇人利用垃圾转运车收集运往垃圾中转站或打包场。如图2-12、2-13所示，在废品中残留有黏合剂的废铁桶属危险废物，其中黏合剂会散发出刺鼻的味道，降低周围的环境质量，危害人类健康，但未作为危险废物单独处理，而是当作一般废铁回收。其随意废弃或露天堆放会带来周边环境空气污染，随雨水淋滤又会对水及土壤产生污染，尤其是含有或沾染毒性、感染性危险废物的废弃包装物、容器。按我国《国家危险废物名录》规定其属于HW49，需进行专业处理处置。

当地原有的废物处理厂大多因经营不善已倒闭，只有几家还在生产运行，实地调查中找到了一家纤维中底板废料回收利用工厂和一家回收EVA废料造粒的工厂。中底板废料回收利用工厂收购废品小贩的中底板边角料后，将废料进行打浆、压制、切割等工序后重新生产中底板出售。EVA废料造粒工厂也是收购废品小贩的EVA废料后，将废料进行破碎、塑炼、拉丝、冷却、造粒等工序以生产EVA粒子。

图2-12 黄埠镇废品回收站现状

图2-13 吉隆镇废品回收站现状

（1）EVA的回收利用现状

EVA类的可回收鞋底废料，已经有了比较成熟的回收路线，于废料回收厂中粉碎成大颗粒状废料，用双螺杆挤出机拉丝切碎，造粒成小颗粒废料，再塑再生。EVA颗粒可以生产各类EVA板材，板材再经过各道加工工序，如冲型等就可以做成包装内衬，热压可以做成鞋底。EVA材料本身是一种不可降解的材料，对环境会造成一定的污染，通过回收EVA材料再生产，不仅可以更好地发挥出这种原材料的价值，还能大大降低生产成本。

（2）纤维中底板类回收利用现状

纤维中底板是由无纺纤维棉及少量结合剂混合制成，采用自动化控制连续化生产工艺加工而成，具有尺寸精确、平整度好、强度高、轻质抗压、防潮防水效果优良等优点。中底材料不同，其作用也有所不同，主要表现在：减震，稳定，提高鞋子的抗压缩能力。纤维中底板可广泛应用于运动鞋及皮鞋、男女休闲鞋等的底部、前衬和后衬。鞋厂里的中底板如图2-14所示。

图 2–14　鞋厂里的中底板

纤维中底板类的可回收废料属于纤维材料，可以像处理废纸那样溶成纤维浆再压成板进行再生。图 2–15 为纤维中底板废料。

图 2–15　纤维中底板废料

（3）橡胶的回收利用现状

橡胶在鞋子的制作过程中被普遍应用。橡胶主要有天然橡胶、合成橡胶、通用橡胶三种。

①天然橡胶：天然橡胶主要来源于三叶橡胶树，当这种橡胶树的表皮被割开时，就会流出乳白色的汁液，称为胶乳。胶乳经凝聚、洗涤、成型、干燥即得天然橡胶。

②合成橡胶：是由人工合成方法制得，采用不同的原料（单体）可以合成出不同种类的橡胶。

③通用橡胶：是指部分或全部代替天然橡胶使用的胶种，如丁苯橡胶、顺丁橡胶、异戊橡胶等，主要用于制造轮胎和一般工业橡胶制品。通用橡胶的需求量大，是合成橡胶的主要品种。

橡胶类的可回收鞋底废料如图 2–14、2–16 所示，其处理处置方法有再生、热分解、制胶粉，如图 2–17 所示。将废旧橡胶通过常温粉碎或者低温粉碎等方法制备胶粉后加以利用，是很早以前就采用的方式，也是目前废旧橡胶回收利用的一种非常重要的途径。目前生产精细胶粉已成为废旧橡胶再利用的主导方向。现在胶粉的应用主要在三个方面：一是橡胶工业，用于直接成型弹性体或新胶料；二是塑料工业，主要为掺入热塑性塑料和热固性塑料中作为填充材料或者增韧材料，胶粉在填充前往往需要表面改性以使其与塑料基体具有良好的相容性；三是用于沥青、塑胶跑道和建筑等方面。此外，近年来还开发了许多新用途，如用于制备离子交换剂，用于土壤改良，作为轻质工程回填料等。

图 2–16　橡胶鞋底边角

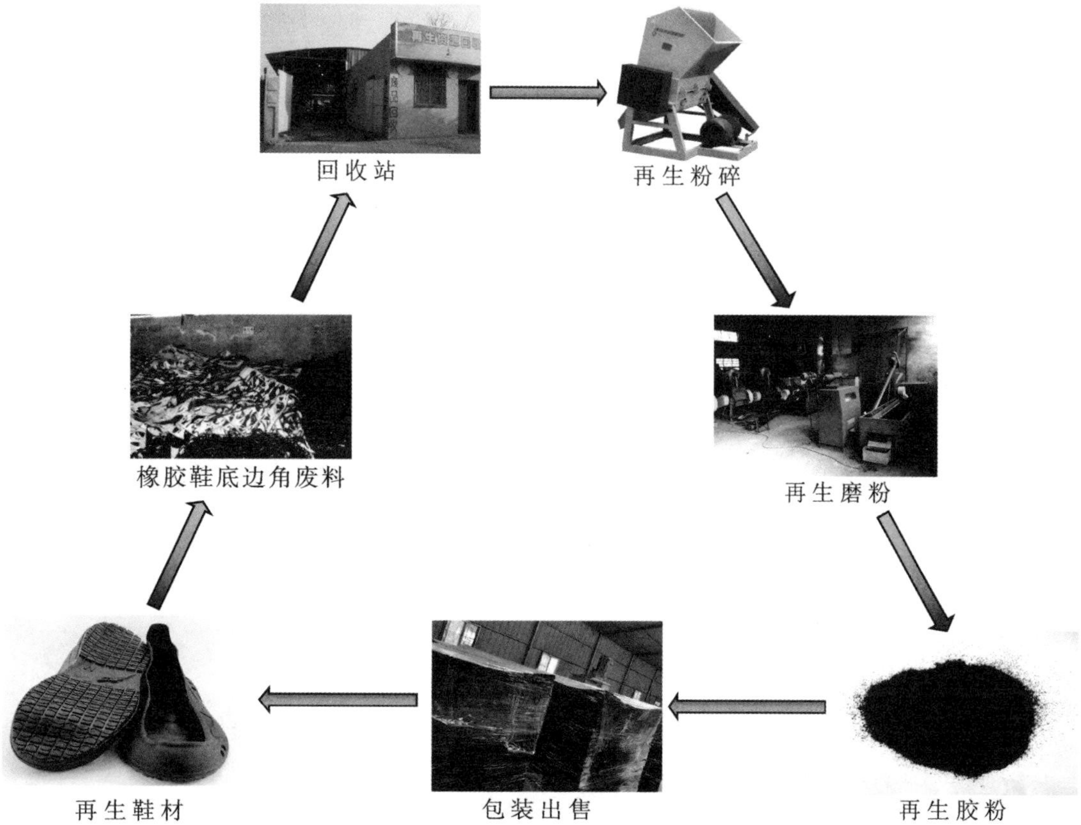

图 2–17　橡胶废料循环利用示意图

④ 其余废料的处理：对于不可回收的鞋面废料，往往直接抛弃，与生活垃圾混在一起，或打包送去填埋或外运焚烧，或作为企业锅炉的燃料。这样处理严重影响人群健康和周边环境质量。

鞋材废料回收现状如图2-18所示。

（a）　　　　（b）

图2-18　鞋材废料回收现状

2.4　小结与建议

调查发现，惠东县大部分制鞋企业对鞋材废料的管理较为粗放，缺乏精细化、规范化和科学的管理制度，行业无相关废品管理约定，对鞋材废料未进行分类存放，加大了废料后续处理的难度。本地鞋材废料处理方式较为单一，大部分外运处理，而本地无大型规模化的鞋材废料回收利用的企业。废料中仍有大部分可回收利用的废料被填埋处理。对于这种情况，政府应加强对企业的引导，组织协调相关部门，使鞋材废料得到合理的处置；企业应改进生产工艺，减少废料的产生量，制定鞋材废料管理制度，加强对鞋材废料的管理。此外，对焚烧发电、水泥窑协同处置进行规划，促进工业园区对鞋材废料进行资源化利用。

第3章 惠东鞋材废料环境影响分析

由前面章节可知，惠东制鞋企业数量多、规模小、位置分散，从而导致鞋业边角料产生量大，产生点相对分散，有效资源化利用的量很少。大部分鞋业边角料的处理方式：一是小规模家庭作坊的鞋材废料在厂区附近露天随意堆放；二是鞋材废料与生活垃圾混合收集，简易地在低洼处填埋；三是鞋材废料与生活垃圾一同收集到惠东县城生活垃圾填埋厂填埋；四是鞋材废料收集到生活垃圾焚烧厂进行焚烧发电处理。这几种处理方式有利有弊，或多或少都对环境造成了一定的影响，此外，还造成了可利用鞋材废料的浪费。

根据惠东县市容环境卫生管理局的统计资料，2016年惠东县六大乡镇生活垃圾日产生量为767.42 t，预计2020年生活垃圾的日产生量约1783.57 t，其中六大乡镇为1142.98 t/d，鞋业边角料产生量约为360 t/d，另根据课题组实地调查，10%鞋材边角料露天堆放，20%回收利用，多达70%打包外运焚烧。

3.1 废料露天堆放对环境的影响

露天堆放鞋材边角料对环境的主要影响：

1. 占用大量的土地，造成土地资源的浪费

由于鞋材边角料密度小（约为400 kg/m^3）、体积大，不容易分解，堆放在土地上若不收集处置，将长期占用大量宝贵的土地资源。根据估算，鞋材边角料总量的10%露天堆放需占用土地约35 000m^2（按1m高度）。惠东县80%以上的制鞋企业属于小企业，缺乏足够的资金和技术对这些固体废物进行处理，只能暂时无序堆积于厂房和城镇周围。而鞋材废料密度小，体积大，占用了大量的场地空间，加剧了当地“垃圾围城”的社会问题。

2. 随处堆放，影响景观

鞋材边角料形状各异、颜色丰富，露天堆放，经风吹雨淋日晒，大大影响周边环境观感。而且由于无序堆放，未经压实、覆盖，有些轻质边角料被大风吹得遍地都是，污秽不堪。

3. 衍生次生环境问题

（1）对土壤的影响。混入生活垃圾中的鞋材废料如果将其填埋，长时间不降解，对土地有极大的危害：破坏土壤的透气性能，降低土壤的蓄水能力，改变其酸碱度，使耕地劣化。这样就会影响农作物吸收养分和水分，阻碍作物的生长，从而导致农业的大幅度减产。同时也破坏了生态平衡。土壤是许多细菌、真菌等微生物聚居的

场所，这些微生物在土壤功能的体现中起着重要的作用，它们与土壤本身构成了一个平衡的生态系统，而未经处理的有害固体废物，经过风化、雨淋、地表径流等作用，其有毒液体将渗入土壤，进而杀死土壤中的微生物，破坏了土壤中的生态平衡，污染严重的地方甚至寸草不生。

（2）暴雨季节，鞋材边角料或边角料上黏附的污染物随地表径流进入农田、河道、地下水，不仅影响农田土壤及河流、地下水水质，而且在河道中淤积，影响河道泄洪；被污染的农田、河水以及地下水被植物摄入，再通过食物链进入人体，最终影响人体健康。

（3）露天堆放的鞋材边角料，遇到高温季节，烈日照射，内部热量聚集导致温度升高，会产生非甲烷总烃等有害气体，散发出难闻的气味，这类气体超过一定浓度，除直接危害人体健康外，在一定条件下经日光照射还能产生光化学烟雾，对环境和人类造成很大危害。

4.滋生蝇虫，影响卫生

由于鞋业边角料大多与企业的生活垃圾混收混放，容易滋生蝇虫，严重影响周围的环境卫生。

3.2 废料填埋对环境的影响

填埋技术的特点是操作简单，可以处理所有种类的垃圾，但同样存在较大的环境问题以及隐患。

1.侵占土地

鞋材废料随垃圾填埋占用大量土地，难以降解，将成为永久垃圾，影响土地的可持续利用。

2.污染环境

填埋过程中产生的臭气严重影响场地周边的空气质量；而且填埋废料发酵产生的甲烷气体既是火灾及爆炸隐患，排放到大气中又会产生温室效应；填埋后产生的渗滤液未经收集处理处置，会污染地下水及土壤。安全填埋，若防渗透层设计不合格或出现渗透，其对填埋厂及周围土壤的环境影响与露天堆放对土壤的环境影响类似，不再重述，这里主要介绍废料填埋对环境空气以及地下水的影响。

（1）对环境空气的影响

鞋材边角料填埋场大气污染源主要是填埋气以及填埋场的粉尘和垃圾飞扬物。填埋的鞋材边角料所含的有机物在微生物作用下会降解产生如甲烷、非甲烷总烃等有机气体以及恶臭。这些有害气体在一定的条件下有相当大的危害，比如甲烷以5%～15%体积比与空气混合极易引起爆炸；挥发性有机物及二氧化碳溶入地下水，造成地下水源硬度升高；甲烷温室效应是二氧化碳的21倍，加剧全球变暖；填埋气的逸出，容易导致填埋场及附近植物根部缺氧死亡；某些填埋气的组分能致癌或引起其他疾病。研究表明：每吨垃圾填埋后可以产生300 m^3左右的填埋气，如此大量的填埋气若不采取适当的方式进行收集处理，会对环境和人类的生命造成危害。垃圾填埋场恶臭气体中含有多种有毒有害物质，可能对人类生存及环境可持续发展造成严重影响，如氟利昂能造成臭氧层的破坏和温室效应，苯、甲苯、BTX等苯系物具有致癌性等。

（2）水环境的影响

固体废物填埋场是一个重要的地下水污染源，在数十年的演变周期中，对于未使用适当衬垫的垃圾填埋场，垃圾渗滤液会持续产生并在相当长时期内造成污染。皮革塑料添加剂中的重金属离子及有毒物质会在土壤中扩散、渗透，以各种途径进入填埋场进而污染填埋场的地表径流和地下水，直接影响地下水质和植物生长。其中进入场区的大气降水、地下水以及固体废物自身含水量是决定渗滤液产生量的主要因素。渗滤液属高浓度有机废水，主要污染物是BOD_5、COD、NH_3N和重金属及类重金属，如锰、镉、铬、镍、锌、铜及铅等。

3.浪费资源

所谓的废物就是放错了地方的资源。由于惠东鞋材边角料不能很好地分类收集，因此资源化利用率非常低，大量可利用的边角料被运输到填埋场填埋，直接造成大量资源的浪费。填埋了部分可利用的废料，这与可持续利用背道而驰，不能从根本上解决鞋材废料的问题。

4.其他问题

（1）选址困难。随着人们生活水平的日益提高以及环保意识的增强，再加上目前国内一些填埋场建设标准低，运行过程中出现许多的环境问题，人们都不愿意填埋场靠近自己生活的地方。

（2）规范安全填埋不仅建设投资大，运行费用高（规范的填埋、渗出液处理及甲烷收集利用等需要大量的费用，基本上都来自政府的补贴，政府负担重），而且对技术及管理水平要求高。

（3）不规范的填埋不仅影响景观，而且滋生蝇虫，传播疾病，还污染土壤、地表水和地下水。目前国内填埋作业不规范、技术水平低，填埋场产生的渗滤液污染地下水、大气和土壤。

（4）现状。惠东县坣陂横坑生活垃圾无害化处理场一期项目有效库容为50万 m^3，于2013年9月投入使用，服务年限为2012—2022年。目前，填埋场已处置30万 m^3，剩余20万 m^3，但东面大坝填埋垃圾已超过大坝顶端。大量的鞋材边角料会侵占填埋场库容，缩短其使用寿命。

3.3　废料露天焚烧对环境的影响

鞋材废料含有大量可燃的棉、麻、纱、尼龙等布料，以及人造皮革、胶黏剂等可燃物质。在惠东生活垃圾焚烧厂建成以前，整个惠东的鞋材废料都没有很好的处置方式。对于堆积如山的鞋材废料，地方政府不得不租用一些山坳进行填埋。可是由于鞋材废料堆积密度较小，同质量废料会占用较大面积土地，而且这些土地也难以再利用。为了缩小鞋材废料的体积，部分鞋材废料在填埋场进行焚烧后再填埋。除此之外，部分制鞋企业或者不负责的环卫工人，将鞋材边角料就地焚烧。

据调查，2010年以前，惠东吉隆镇紧靠白云仔出口的一个山坳有一个垃圾焚烧填埋场，距高速公路仅500多米。一个长长的山沟已经被焚烧过的垃圾填至半山腰，成了一个宽阔的地坪。燃烧的垃圾堆产生的浓烟飘到高速公路上。2009年，深汕高速公路惠州汕尾交界路段的“大雾”严重影响到行车安全，每月有20多宗与“大雾”有关的车祸发生。有时“大雾”严重，必须封闭高速公路，让所有车辆下高速行驶。根据《广州日报》2014年01月09日的“高速年均团雾超20次路段340处 记者调查提示驾车安全”报道可知，深汕高速惠州段每年9月至12月之间团雾最严重。惠州市人大常委会城建环资工委组织部分市人大代表前往惠东县，就县城及吉隆、黄埠等镇的垃圾污染议案进行督办调研，通过调查发现，深汕高速公路的“浓雾”极有可能与当地鞋材废料燃烧处理有关。

垃圾焚烧是一种较古老的传统的处理垃圾的方法。将垃圾用焚烧法处理后，垃圾能减量化，节省用地，还可消灭各种病原体，将有毒有害物质转化为无害物。但露天随意焚烧，除了产生黑烟外，还可能挥发苯系物、氰化氢、硫化物、二噁英及一氧化碳和一些碳氢化合物，这些都是严重影响环境和人体健康的物质。下面主要阐述焚烧所产生的主要气态污染物对环境以及人体健康的危害。

1.二氧化硫（SO_2）的主要危害

工业烟雾中的二氧化硫高浓度时使人呼吸困难，著名的1952年伦敦烟雾事件的元凶就是二氧化硫；进入大气层后，二氧化硫氧化为硫酸根（SO_4^{2-}），在云中形成酸雨，对建筑、森林、湖泊、土壤危害大；形成悬浮颗粒物，又称气溶胶，随着人的呼吸进入肺部，对肺有直接的损伤。

2.悬浮颗粒物（TSP，粉尘、烟雾、PM_{10}）的主要危害

悬浮颗粒随呼吸进入肺，可沉积于肺，引起呼吸系统的疾病。颗粒物上容易附着多种有害物质，有些有致癌性，有些会诱发花粉过敏症；沉积在绿色植物叶面，干扰植物吸收阳光和二氧化碳并放出氧气和水分的过程，从而影响植物的健康和生长；较高的颗粒物浓度会影响动物的呼吸系统；杀伤微生物，引起食物链改变，进而影响整个生态系统；遮挡阳光而可能改变气候，这也会影响生态系统。

3.氮氧化物（NO_x）的主要危害

氮氧化物会刺激人的眼、鼻、喉和肺，增加病毒感染的发病率，例如引起容易导致支气管炎和肺炎的流行性感冒，诱发肺细胞癌变；形成城市的烟雾，影响可见度；破坏树叶的组织，抑制植物生长；在空中形成硝酸小滴，产生酸雨。

4.有毒微量有机污染物（如：多环芳烃、多氯联苯、二噁英）的主要危害

这类有机污染物有致癌作用；有环境激素（也叫环境荷尔蒙）的作用。二噁英是

燃烧过程中产生的污染物，垃圾露天焚烧或在填埋场垃圾自燃排放的二噁英，是同量垃圾经过现代化焚烧排放的很多倍。这类物质非常稳定，熔点较高，极难溶于水，可以溶于大部分有机溶剂，是无色无味、毒性严重的脂溶性物质，所以非常容易在生物体内积累。二噁英具有致畸、致癌、致突变的性质，会对人体健康造成威胁，而且它很难降解，即使很少，长期在人体内积累，也可能导致疾病。另外，氰化氢属于剧毒类物质，少量即可致命。

根据统计，在惠东县生活垃圾焚烧厂未投入运营之前，约有91 000 t/a的鞋材边角料露天焚烧，其SO_2、NO_x、颗粒物排放量约为59.1 t/a、68.0 t/a、1976.3 t/a。由此可见，就地焚烧由于没有污染防治措施，焚烧时浓烟滚滚、气味刺鼻，不仅影响景观，而且由于燃烧不充分和控制不当，产生大量有毒有害气体（图3–1），这些都是既污染环境，又影响人体健康，影响生态环境的有害气体。燃烧后的灰烬随风飘洒，随雨降落，残存的有害物质也会污染土壤、地表水以及地下水。

图3–1　由于不间断地焚烧垃圾，垃圾焚烧场周边“浓雾”弥漫

3.4　小结

对于制鞋大县惠东来说，鞋材废料安全有效地处置已经刻不容缓，需要尽快找出有效处置对策。目前露天堆放、随意焚烧、填埋等常用的几种处理方式均存在污染环境、损害生态、危害人类健康、浪费资源的问题。实施鞋材废料的资源化利用，尽可能保证可以回收利用的废料得到有效利用，在资源短缺、环境保护压力越来越大的情况下就显得尤为迫切。总之，实现鞋材废料的资源化利用，使之重新进入循环系统，才是清洁、绿色、环保、可持续发展的根本所在。

第4章 鞋材废料资源化技术研究

由前述调查研究情况的分析可知，惠东鞋厂鞋材废料按部位分为鞋面废料、鞋底废料两大部分。鞋面废料主要为皮革、合成革、再生革、帆布、网布、咔叽、哔叽等纤维织物及高分子材料和塑料等废料。其中以PU革、尼龙和聚氨酯类废料为主。鞋底废料主要为橡胶废料、塑料废料、皮革废料、纤维中底板废料等。按废料的成分大致分为：PVC、PU、EVA等塑料废料，橡胶废料，皮革废料，PU革、布料、鞋用纸板等纤维性废料等。本研究在查阅研究大量中外文献，对目前国内外鞋材废料回收利用路线按废料成分分别进行分析研究的基础上，根据目前鞋材废料回收利用研究进展，选择了几种利用价值较高的鞋材废料进行了实验研究，具体情况如下。

4.1 国内外鞋材废料资源化研究概况

4.1.1 塑料类废料

目前，国内外对废旧塑料的回收利用已经有大量的研究和应用，废旧塑料回收利用具有较好的经济效益和环境效益。由于本项目针对废旧PU、EVA的应用做了相关实验和研究，所以在此主要针对PU废料、EVA废料的相关回收利用方法进行重点介绍。

4.1.1.1 聚氨酯废料（俗称海绵）

聚氨酯（PU）废料主要以泡沫制品为主，有软质、硬质、半硬质泡沫。PU由于性能优良和用途广泛，发展十分迅速，其废弃物也越来越多，因此其废弃品的回收利用不仅能有效保护环境，减少污染，而且能节省资源，变废为宝。一般说来，回收废旧聚氨酯的方法有物理法、化学法及能量回收。其中能量回收是对PU废料在一定条件下燃烧产生的大量热能进行回收，但在焚烧过程若燃烧不完全将产生有毒有害气体造成二次污染，因而不宜采用。物理法简单易行，工艺成熟，但回收来的制品性能较差，只适合生产低档产品，而且老化淘汰得更快。化学法回收技术工艺相对复杂，工业化成熟较晚，直到现在新的降解方法仍不断出现，有些降解方法仍处于实验室研究阶段，但利用回收物制得的泡沫性能较好。

1.物理法

物理法回收利用聚氨酯废弃物是仅改变废弃物的物理形态后直接利用的方法，包括热压成型、黏合加工成型、挤出成型、用作填料等加工工艺，是目前聚氨酯废弃物回收利用使用最广泛的方法，其中又以黏合加工成型使用最为普遍。

（1）黏合加工成型：先将废聚氨酯粉碎成细片状，涂抹聚氨酯系黏合剂等，再直接吹入水蒸气等高温气体进行混合，然后加压成块状等形状。这种方法得到的回收泡沫主要用作衬垫、支撑物等，各种废聚氨酯均可用此法回收，但再生后的泡沫制品性能下降，只适用于做家具及汽车衬里等低档部件，应用面窄，而且工艺繁琐、劳动量大，经济价值也不高。

（2）热压成型：此方法不使用黏合剂，而是利用加热（150～220℃）、加压使聚氨酯软化、自黏合。废软质泡沫聚氨酯塑料使用10～300 kg/cm^{2}压力，在100～220℃温度下处理数分钟，可制成减振片、挡泥板等重新使用。热压成型得到的PU再生制品拉伸强度、弹性模量、断裂伸长率下降较大，制品的表面光洁度较差，因此只适用于对断裂伸长率与表面性能要求不高的部件，如车轮罩、挡泥板、翼子板衬里、小工具箱等。

（3）填料法：将粉碎后的废聚氨酯粉末作为填料加入到新的聚氨酯原料中制成成品。可用于制取RIM弹性体、吸能泡沫和隔音泡沫，也可以将废聚氨酯粉末加到生产原部件的原料中，再次生产相同部件，在一定范围内不会影响部件的性能。该法不仅使废聚氨酯得到回收，还可有效地降低生产成本。

（4）挤出成型：是通过热力学作用把分子链变成中等长度链，将PU材料转变成软塑性材料。这种材料同样只适合做强度高、硬度高且对伸长率要求不高的塑料件。对于软质微孔聚氨酯泡沫，可将其粉碎后的粉末掺混到热塑性聚氨酯中，在挤出成型机中造粒，采用注射成型方法制造鞋底等制品，美国、欧洲、日本等国家都有成功的回收利用技术和事例。

除以上较为常用的物理回收利用方法外，聚氨酯泡沫塑料还可作为人造土壤和天然土壤覆盖物，据报道，曾有人在6700 m^{2}透气性较差的农田里混入30～50 kg小片状聚氨酯泡沫塑料，埋入土中（深10～50cm），栽种早稻、烟草或葱头等作物，产量可增高10%～50%，多年使用效果良好。叶林忠等人还研究用塑炼的方法将废PU在室温下溶解并制成胶黏剂使用，废PU黏合剂的黏接性能与商品黏合剂相当。

2.化学法

聚氨酯的化学回收法，是指聚氨酯在化学降解剂、催化剂和热能的作用下，降解成低相对分子质量的成分。由于所用降解剂的种类和反应条件不同，又分为热解法、水解法、碱解法、醇解法、氨解法、加氢裂解法等。

氨解法由于工业技术不成熟，目前还处于实验室研究阶段。热解法是将回收的聚氨酯泡沫废料置于热解装置中，在适当的温度和氧浓度条件下，利用部分泡沫体燃烧放出的热量提供能量，使泡沫体产生热裂解，从而获得部分异氰酸酯和多元醇。该法回收的液体产物组成成分比较复杂，分离更为困难。该技术目前尚未达到实用化阶段；加氢裂解法是将PU废料粉碎后置于加氢反应器中，在40MPa和500℃条件下反应使其裂解为油和气，与热解法相比，加氢裂解废PU不仅得到纯度高的油和气，而且避免了热解法中含碳的残余物。加氢裂解油的产率取决于废料的类型，一般在60%～80%。由于经济因素，加氢裂解法只适用于大规模处理废聚氨酯；碱解法采用碱金属或碱土金属氢氧化物与PU反应，经复杂的分离提纯，可得到聚醚多元醇，但工艺繁琐，成本高；水解法是利用水蒸气气流将分解生成的CO_2和胺带出，经冷凝后可回收胺类化合物，而醇类化合物则从裂解器的下部收集，该法的水解温度较低，工艺条件不太复杂时，水解产物的主要成分是二醇和胺化合物，回收率也较高。

目前醇解法是废旧聚氨酯回收多元醇中最重要的一种方法。该法是以醇类化合物为分解剂，在一定条件下使聚氨酯分解为聚醚多元醇。这种方法可以用来回收PU硬质泡沫（热绝缘材料）、微孔弹性体（鞋底）、结构泡沫和柔性弹性体等。用醇解法回收再生的聚醚多元醇可以直接用于二次发泡制备PU泡沫塑料。由于醇解法工艺简单，设备投资较少，易于操作，回收产品可直接利用，已在许多国家实现了规模化或工业化生产。

4.1.1.2 聚乙烯醋酸乙烯酯（EVA）废料

乙烯与乙酸乙烯酯共聚物（EVA）的交联发泡材料具有高柔韧性、抗冲击性和抗暴晒等优点，在隔音、减振、保温材料及玩具和运动鞋材料等领域有广泛的应用。EVA废料具有一定的再利用价值，因此当地制鞋产业对EVA废料已经有了比较成熟的回收路线。回收路线一般为，将EVA底板废料切割粉碎为大颗粒状废料，再进入双螺杆挤出机融化、拉丝、冷却后切割成小颗粒状。经处理的EVA颗粒可以作为重新生成EVA底板的原材料，也可以作其他用途的原材料。

严捍东等人将废鞋EVA胶料加工成胶粒，以0、30%、50%、70%、100%等体积比取代陶粒混凝土的中陶砂开发EVA废胶粒改性陶粒混凝土材料，系统测试EVA废胶粒掺量对陶粒混凝土抗压强度、弹性模量、泊松比、干燥收缩值、表观密度、导热系数的影响程度和规律。研究表明，在胶粒掺量不超过50%时，胶粒改性陶粒混凝土较普通混凝土弹性模量更小，变形更大，延性更好，抗震性能更好。刘淼等人用植物纤维稻谷壳和废旧EVA生产木塑复合材料，刘宇航等人还利用EVA制悬浮填料应用于废水处理中，在相同实验条件下，相比聚氨酯填料和无纺布填料，高发泡EVA填料对化学需氧量削减效果最好，且其制备工艺简单可行，载体表面粗糙，孔径分布合理，密度低，生产成本也较低廉，是一种比较理想的水处理用悬浮填料。

4.1.2 橡胶类废料

近年来我国的废旧橡胶回收利用行业有了较大的发展，多种处理废旧橡胶的技术与设备处于世界领先水平，形成了一批具有一定规模和水平的企业。废旧橡胶回收利用可以分为直接利用和间接利用两种方式，间接利用又包括胶粉、再生橡胶、热分解和燃料利用等。其中再生橡胶、胶粉的制造是目前我国进行废旧橡胶再利用所采取的主要方法。

1.热分解

热分解是在高温条件下打开废橡胶中的大分子链，使其分解得到煤气、油料及炭黑等。这种处理方式存在设备投资、操作费用高等经济性问题。

2.燃料利用

废旧橡胶是一种高热值材料，其燃烧放出热量约为33MJ/kg，与优质煤相当，可以代替煤作燃料使用。目前废旧橡胶的燃烧利用主要用于焙烧水泥、火力发电以及参与制成固体垃圾燃料（RDF）。其中，焙烧水泥是对废旧橡胶利用率较高的回收方式，日本有50 %的废旧橡胶作为燃料利用都是用于焙烧水泥。热能利用在发达国家应用较为广泛。

3.生产再生橡胶

再生橡胶是以橡胶制品生产中已硫化的边角废料为原料，经过脱硫加工得到可重新使用的橡胶。再生橡胶具有一定的塑性和补强作用，易与生胶和配合剂凝合，加工性能好，可广泛应用于各种橡胶制品生产中。按一定比例掺入再生橡胶料，代替部分天然胶，降低橡胶制品中天然胶使用量，一来降低了生产成本，二来可以改善胶料的加工性能。对于部分低档橡胶产品还可单独使用再生橡胶。如胶鞋的海绵中底可以大量掺用或全用再生胶。在轮胎生产中，再生橡胶可用于制造垫带，钢丝圈胶、三角胶条等，对于小规格的乘用车胎的帘布层胶、胎侧胶及胎面底层胶等也可适量地使用再生橡胶。汽车用胶板、室内橡胶地毯、某些工业用胶管和各种压出制品、模型制品均可掺用部分再生橡胶。另外，硬质胶板、蓄电池壳也可掺用再生橡胶制造。总之，对机械强度等物理机械性能要求不高的橡胶制品，均可掺用再生橡胶制造。一般全部使用再生胶的情况较少，而并用情况较多。除了丁基橡胶外，再生橡胶与各种通用橡胶都能很好互容，使用时不会有什么困难。除此之外，再生橡胶在建筑材料方面也有应用，如油毡、冷黏卷材、防水涂料、密封胶腻等。在市政工程方面可做地下管道的防护层、电缆防护层、防水、防腐材料及铺路面的防龟裂材料等。

我国是世界最大的再生橡胶生产国，再生橡胶生产是我国废橡胶再利用最主要的途径,废橡胶在再生橡胶生产过程的利用量已达到其总利用量的80%，是我国废橡胶再利用最主要的方法。传统的油法和水油法生产再生橡胶存在着生产能耗大、“三废”治理难等缺点，动态脱硫罐工艺也因使用过程中安全事故时有发生已成为国家明令禁止的工艺。目前，新型工艺如超声波脱硫法、快速脱硫法、化学处理法、微波脱硫法及连续常压脱硫法等工艺的研究都取得了进展，并且在一些企业投入生产。据报道，改变脱硫方式，使用常压连续环保脱硫设备是废橡胶综合利用行业绿色转型的根本途径之一。

4.制成胶粉

将废旧橡胶废料加工成胶粉利用是很早以来就采用的方式，目前生产精细胶粉已成为废旧橡胶再利用的主导方向。胶粉有很广的应用领域，将胶粉改性沥青用于铺路，可明显减缓路面的老化，提高路面的弹性和质量、降低噪声等；直接对胶粉表面进行活化，可取代部分生胶用于轮胎、胶鞋等橡胶制品的制造；此外胶粉还可以用于改性塑料或与塑料并用制造弹性体，用于建造塑胶运动场地、跑道、人造草坪等；粒径更小的胶粉还可用于防腐材料、防水材料、彩色地砖和铺装材料等领域。不同粒径的胶粉，其用途也各不相同，而粒径越小的胶粉，掺用效果越好，但成本比较高。

粉碎方法一般有常温粉碎法、低温粉碎法、溶液破碎法、臭氧粉碎法、爆破法等。由于溶液法、臭氧粉碎法、爆破法等方法成本较高、加工设备复杂，很难进行大规模生产，我国橡胶粉碎主要采用常温粉碎法和低温粉碎法。

常温粉碎法是指在常温下利用辊筒或其他设备的剪切作用对废旧橡胶进行粉碎的一种方法。这种方法在各种胶粉生产方法中最为经济实用，目前还是国际上生产胶粉的主要方法。一般工艺为：先将废旧橡胶破碎成50mm左右的胶块，再用粗碎机将它们粉碎成20mm左右的胶粒，同时用磁选机和风选机分离出胶粒中的钢丝和纤维，最后用细碎机将这些胶粒进一步磨碎制成40～200μm的胶粉。常温粉碎法又分为连续粉碎法、挤出粉碎法、高压粉碎法、常温浸混粉碎法等。

低温粉碎法是将废橡胶经低温脆化后进行机械粉碎的方法，相比常温法可制得粒径更小的胶粉。目前，工业上用于胶粉生产的制冷剂主要为液氮，另外还有利用空气膨胀制冷的方式。

4.1.3 纤维性废料

4.1.3.1 纤维中底板废料

纸板是指含有天然纤维、合成纤维及树脂类的物质，经特殊加工工艺处理，用于制鞋行业、装饰行业及其他的弹性纤维材料系列产品的总称。其具有柔韧性、弹性、坚挺性、透气性、耐磨、经久耐用等特点。鞋用纸板与纸的工业制造有一定的相似性，所以鞋用纤维纸板废料能够通过回收再生重新利用，惠东县当地建有纤维纸板处理厂。回收处理的工艺流程主要为：回收废旧鞋用纸板先经过热水淋浸，添加提取剂，洗掉废料上的胶乳，然后再经打浆、配料、施胶、成型等生产工序生产出成品。

4.1.3.2 尼龙废料

在鞋材废料中，布废料中有着大量的尼龙废料。各类废旧聚合物材料的通用回收利用方法为物理回收（机械回收）、化学回收（裂解回收）。

尼龙（Nylon）是聚酰胺类（PA）高分子材料的俗称，其品种繁多，脂肪族类的有PA6（聚己内酰胺）、PA66（聚己二酸己二胺）、PA11、PA12、PA46、PA610、PA612、PA1010等，半芳香族类的有尼龙PA6T、PA9T等，以及近些年开发的特种尼龙等新品种。其中以PA6、PA66的产量最大（二者比例大致相当），占全部尼龙产量的90%以上。

1.物理回收（机械回收）

废旧的尼龙材料，可以通过粉碎、熔融、挤出或注塑的方式制成对性能和品质要求相对较低的再生尼龙制品。为了满足使用性能和使用寿命的要求，要添加一些新的尼龙和其他助剂。经过适当分离破碎以后回收的尼龙纤维还可以作为混凝土结构材料和土壤加固材料，甚至可以直接把废塑料和废玻璃混在一起压成砖块。该种砖块与普通黏土砖块相比表现出很好的压缩强度。

2. 化学回收（裂解回收）

通过化学反应解聚以后直接回收单体，将其重新用于尼龙聚合或其他场合，也被称为三级回收，是一种彻底回收的方式，完全达到了循环利用的目的。这种回收再生模式工艺复杂、投资较大，对于分离要求较高，需要充足的原料供应才能保证连续生产和经济效益。

4.1.4 皮革类废料

皮革类废料一般是指主要成分为皮胶原结构的废料。在惠东的制鞋产业中，皮革废料主要来源于皮革裁剪余料、修边废弃物和废旧的皮革制品等，一般为含铬皮革废弃物或含染料皮革废弃物，相对于不含铬皮革废弃物，综合处理利用难度较大。皮革废料的回收利用已有相当长的历史，已开发出多种再利用技术与方法，在多个行业都有实践运用。

1. 提取胶原蛋白

皮革废弃物主要成分为皮胶原结构。皮胶原蛋白是一种天然高分子材料，具有合成高分子材料无法比拟的生物相容性和生物降解性。从皮革废弃物提取的胶原蛋白作为天然的生物质资源，广泛地应用在食品、医药、化妆品、生物肥料等高附加值工业中。但制鞋厂生产过程产生的皮革废弃物一般含铬或为染色后皮革废弃物，为提取含铬皮革废弃物中的胶原蛋白，必须进行脱铬处理，常见的处理方法有酸法、碱法、氧化法、酶法、配合法等。但就目前的技术水平，从铬革屑中分离不含铬的高纯度胶原蛋白难度较大、成本过高，难以实现工业化，并且从皮革废弃物提取的胶原蛋白应用于食品、生物肥料等行业仍然存在食品安全问题。

2. 合成皮化材料

对皮革废弃物进行水解处理，其水解液参与接枝共聚，可制备皮革复鞣剂、填充剂、加脂剂及涂饰剂等皮革化工材料，并回用于制革生产。如贾鹏翔等以过硫酸铵、马来酸酐、丙烯酸为主要原料合成共聚产物，用胶原蛋白对共聚产物进行接枝改性合成复鞣剂。穆畅道则利用从铬革屑中提取的明胶为原料，在丙烯酸单体和改性石蜡的作用下，通过接枝共聚、互穿网络技术，制备出系列新型蛋白类皮革涂饰剂。以从碱处理含染料皮革废弃物中提取的胶原蛋白溶液为原料，采用氨基树脂预聚体对其进行改性，得到一种具有染色和填充性能的皮革化工材料。

3. 用于生产合成革基底、再生革

生产无纺布、作合成革等的基底材料仍然是我国目前处理含铬革屑的主要应用领域，也有与其他纤维或高分子混合制造复合材料的应用。将含铬皮革废弃物利用化学手段进行适当处理后，采用机械方法使纤维松弛并回收，即可应用到合成革基布或无纺布的生产中。此外，将含铬皮革废弃物经过浸泡、粉碎后可得到铬革纤维，再添加适当比例的黏合剂黏结加固，即可制造出具有结实耐用、韧性好、延伸性大等优良性能的再生革产品。

4.用作橡胶制品的填充剂

浙江丰利粉碎设备有限公司和宁波工程学院合作采用独特设计的专用破碎剪切技术、皮革超细粉碎技术对皮革废弃物进行粉碎，利用皮粉中胶原蛋白的羧基或氨基的化学性质，通过增容剂或化学反应对皮粉进行改性，提高皮粉与橡塑材料的相容性，获得性能良好的复合材料。这种复合材料可作为橡胶制品的填充剂，降低橡胶制品的生产成本，改善皮革废弃物粉末与橡胶的相容性，提高橡胶的力学性能，延长使用寿命。

5.作为工业纤维材料

将皮革废弃物进行一定程度处理后，将其微细化得到皮纤维，再与高分子材料进行复合，制得有特殊性能的复合材料的过程，称为皮革废弃物的纤维化利用。根据纤维的特性应用于不同工业领域中，如将铬革纤维同草浆、木浆混合用于造纸。也可利用皮革废弃物开发绿色纤维、纺织胶原蛋白纤维，再造真皮纤维革，应用在纺织工业，还可以用胶原纤维制备吸附材料用于吸附重金属离子和染料分子。

4.2 鞋材废料衍生燃料实验研究

4.2.1 实验目的

本研究探索了鞋材废料的资源化利用途径之一，即以不同比例的鞋材废料加入木粉中制成衍生燃料（RDF），通过物理化学实验检测，重点分析了鞋材废料的掺杂比对颗粒燃烧的影响、加入鞋材废料的RDF衍生燃料的成型工艺以及RDF衍生材料的性能分析，同时利用元素分析仪对各种配比的衍生燃料进行了元素分析，以期判断其燃烧对空气的影响。另外，本研究也探索了鞋材废料加入一定量的生活垃圾制成衍生燃料的可能性，为二者的共同利用提供科学依据。具体的研究路线见图4–1。

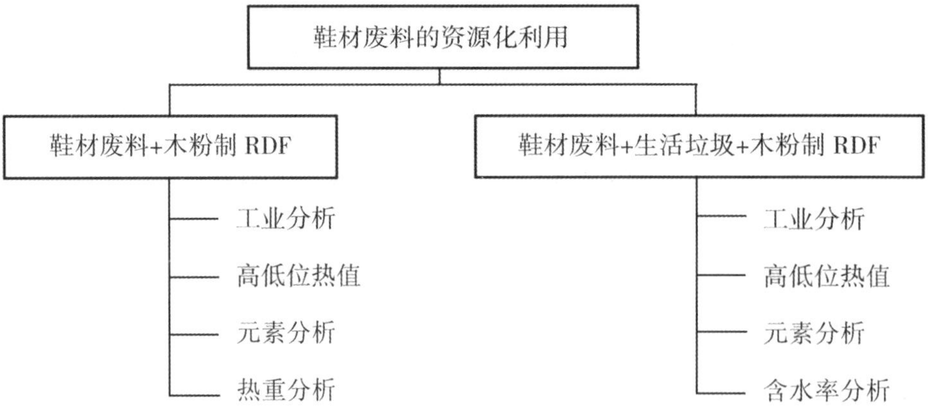

图4–1　衍生燃料实验研究主要研究内容及路线

4.2.2 实验过程

1. 实验材料

鞋底废料：来源于惠州市惠东县某制鞋厂，主要为聚乙烯醋酸乙烯酯（EVA）、聚氨酯（PU）、橡胶、混合料（橡胶、绒料等）等。

生活垃圾：来源于广州市某垃圾中转站。

木粉：来源于广州市某可燃颗粒制造厂，目数为50目。

2. 实验设置

将上述几种鞋材废料等量混合，制成鞋材废料混合样。

（1）鞋材废料混合样与木粉按比例混合制造衍生燃料。实验共设置了11种配比，其中一个纯木粉和一个纯鞋材废料混合样参照样，具体配比见表4–1。

表4–1 鞋材废料混合样与木粉混合制造衍生燃料样品设置

样品编号	RDF0	RDF1	RDF2	RDF3	RDF4	RDF5	RDF6	RDF7	RDF8	RDF9	RDF10
木粉:鞋材废料	10:0	9:1	8:2	7:3	6:4	5:5	4:6	3:7	2:8	1:9	0:10

（2）鞋材废料混合样与生活垃圾、木粉混合制造衍生燃料。实验共设置了3个样品，具体配比如下：

样品1：25%鞋材废料混合料+75%木粉

样品2：25%鞋材废料混合料掺生活垃圾+75%木粉（鞋废料混合样：生活垃圾=5：1）

样品3：100%木粉

3. 实验仪器

粉碎机、造粒机、热值分析仪、元素分析仪、工业分析系统、热重分析仪等，如图4–2所示。

4.2.3 实验结果及讨论

原料通过RDF制备系统制成直径15mm，长20～35mm的致密棒状RDF样品。RDF制备系统由破碎机、滚筒干燥器、传送带、成型机等组成。鞋材废料在粉碎之前要去除某些鞋底中穿插的钢条及其他杂物，以免粉碎过程中损坏粉碎机的刀片。将挑选好的5种鞋材废料粉碎成粒径3mm左右的细末，等量混合制成混合料，再与生活垃圾和木粉配成不同比例的实验样品，最后由成型机压成致密、柱状的RDF，具体的成品外观见图4–3。

(a)造粒机

(b)热值分析仪

(c)元素分析仪

(d)热重分析仪

(e)工业分析仪器1

(f)工业分析仪器2

图4-2　实验过程中使用的部分仪器

图4-3　制作成型的RDF样品

1.鞋材废料掺杂木粉制造衍生燃料

（1）工业分析及高低热值分析

挥发分：衍生燃料中挥发分是指有机质可挥发的热分解产物，挥发分的含量越高样品越容易燃烧。本研究中随着鞋材废料掺入比例的提高，样品挥发分的释放也逐渐升高，如图4-4所示。当衍生燃料全部为木粉时，挥发分最低，为81.35%，当衍生燃料全部为鞋材废料时，样品挥发分达到最高，为89.85%。这可能是由于鞋材废料主要是聚乙烯（PE）、聚乙烯醋酸乙烯酯（EVA）、聚氨酯（PU）、橡胶、混合料等物质，增加了衍生燃料的挥发分，使衍生燃料更易燃烧。

灰分：衍生燃料原料灰分主要是指无机不可燃物，如果灰分过高，会影响到衍生燃料的热值及燃烧性能，并且增加燃烧后灰渣处理量，以致降低燃烧器寿命、增加运行成本。本研究中，各样品随着鞋材废料含量的增加灰分大致呈下降趋势，如图4-5所示。这是因为鞋材废料均为可燃有机物，无机不可燃物含量少。

固定碳：固定碳含量低易于燃烧。通过检测发现，随着鞋材废料掺入量的增大，样品中的固定碳含量不断下降，其中0号样品的固定碳最高，为16.41%，10号样品的固定碳最低，为8.42%，下降了8个百分点，如图4-6所示。

高低位热值：比起纯木粉制造的衍生燃料，添加了鞋材废料的衍生燃料热值均会增加，纯木粉样品的干基高位热值为17 931.9kJ/kg，干基低位热值为15 581.9 kJ/kg；而样品10中干基高位热值为24 486.4kJ/kg，干基低位热值为21 716.7 kJ/kg，分别上升了36.6%，39.4%，上升效果明显，如图4-7所示。

工业分析及高低热值分析见表4-2。

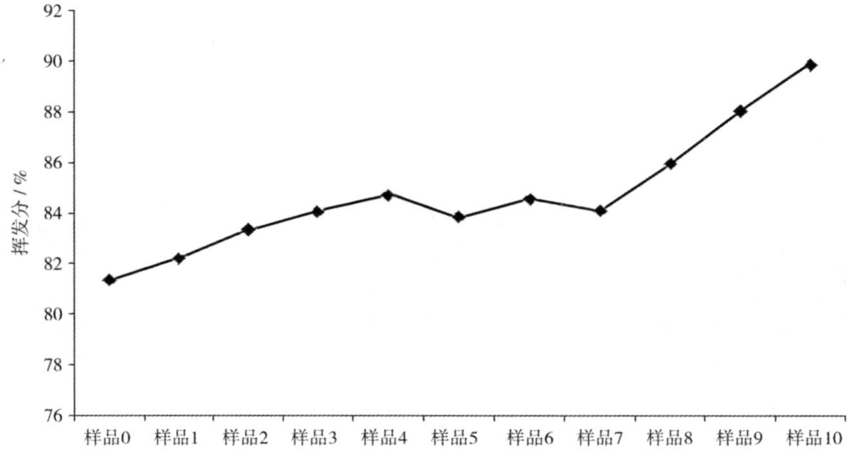

图 4–4　不同比例鞋材废料样品中挥发分的变化

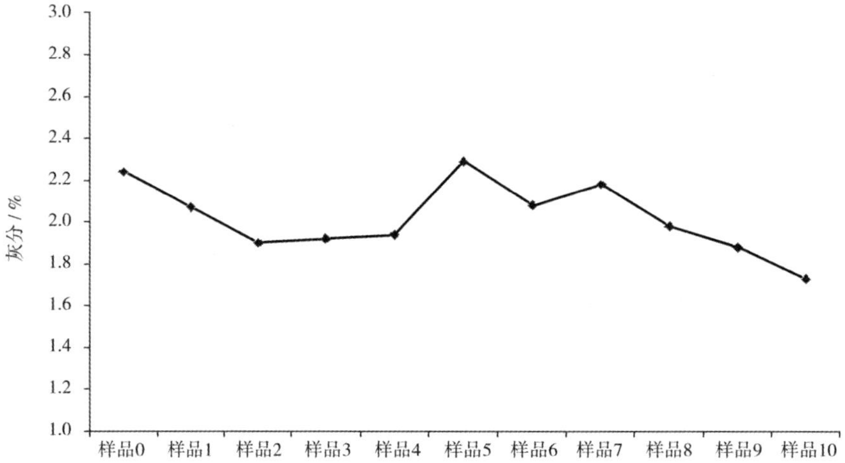

图 4–5　不同比例鞋材废料样品中灰分的变化

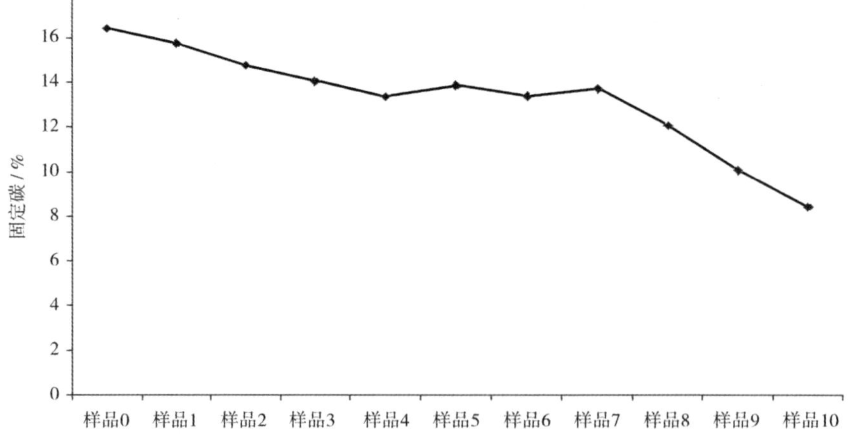

图 4–6　不同比例鞋材废料样品中固定碳的变化

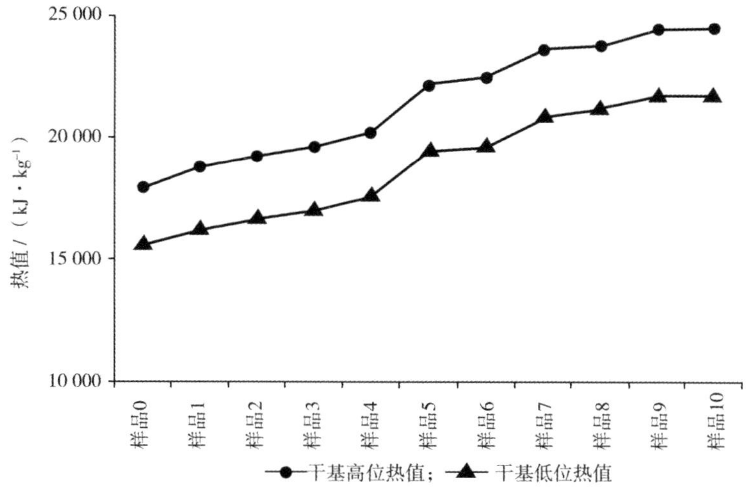

图4-7 不同比例鞋材废料样品中高低位热值的变化

表4-2 工业分析及高低热值分析

样品编号	挥发分/%	灰分/%	固定碳/%	干基高位热值/（kJ·kg^{-1}）	干基低位热值/（kJ·kg^{-1}）
0	81.35	2.24	16.41	17 931.9	15 581.9
1	82.20	2.07	15.73	18 792.4	16 272.3
2	83.35	1.90	14.75	19 217.7	16 683.1
3	84.05	1.92	14.03	19 590.2	17 018.3
4	84.70	1.94	13.36	20 188.5	17 607.5
5	83.85	2.29	13.86	22 101.3	19 459.2
6	84.55	2.08	13.37	22 438.3	19 656.4
7	84.10	2.18	13.72	23 598.7	20 845.3
8	85.95	1.98	12.07	23 748.3	21 142.1
9	88.05	1.88	10.07	24 451.3	21 753.7
10	89.85	1.73	8.42	24 486.4	21 716.7

（2）元素分析

衍生燃料的C、H、N、S、O、Cl的元素分析见表4-3。从表中可以看出，样品0～5的C含量变化不大，样品6～10的C含量逐步增加，样品10的C含量最高达到62.69%。对于H，所有衍生燃料的变化不大，基本保持在6%左右。对于N，样品0～5上升趋势明显，从最初的2.95%上升到4.03%，而样品6～10又出现了下降趋势，最终样品10下降到0.8%。对于S元素，所有样品中S的含量均较低，有的甚至未检出，这与生物质颗粒燃料中的S含量明显不同，少于生物质颗粒燃料中S含量，燃烧时不必设置或者较少设置烟气脱硫装置，降低了成本，有利于保护环境。对于O含量，样品0～5相差不大，均保持在42%～44%，样品6～10中O含量明显下降，从样品6的36.08%下降到样品10的28.78%。对于Cl，含量从0.07%～0.13%不等，且随着样品中鞋材废料的增加，Cl含量有增加的趋势，有不少学者认为燃烧过程中HCl是二噁英产生的前驱物，因此控制Cl含量是关键。

表4–3　元素分析

样品编号	C/%	H/%	N/%	S/%	O/%	Cl/%
0	44.04	5.83	2.95	0.01	44.86	0.07
1	44.32	6.41	2.60	0.01	44.50	0.09
2	44.19	6.37	3.11	—	44.35	0.08
3	46.10	6.45	2.73	—	42.69	0.11
4	44.60	6.34	3.14	—	43.89	0.09
5	43.80	6.14	4.03	—	43.61	0.13
6	51.82	6.71	3.19	—	36.08	0.12
7	55.38	6.28	2.02	—	34.07	0.70
8	56.68	5.55	1.23	—	34.44	0.12
9	57.42	5.80	0.80	—	33.99	0.11
10	62.69	6.13	0.54	—	28.78	0.13

（3）热重分析

热重分析是指在程序控制温度下测量待测样品的质量与温度变化关系的一种热分析技术，用来研究材料的热稳定性和组分。对样品0、2、4、6、8、10进行热重分析，结果见图4–8和图4–13。从图中可以发现，几种不同比例的鞋材废料衍生燃料具有相似的热解失重特性，均主要包括2个反应阶段。第一个阶段的反应速率稍大于第二个阶段，样品8和样品4失重发生起始温度较低，分别为126℃和132℃。样品0和样品2的曲线基本相似，说明少量的鞋材废料添加对衍生燃料的燃烧特性影响不大，二者的成分相似性比较大，木粉还是其中的主要成分。6种样品的总失重率都在96%以上，温度区间始终在126～665 ℃，第一阶段的失重以样品8和样品10最大，分别达到77.63%和77.21%，可见鞋材废料的添加使衍生燃料更易燃烧。

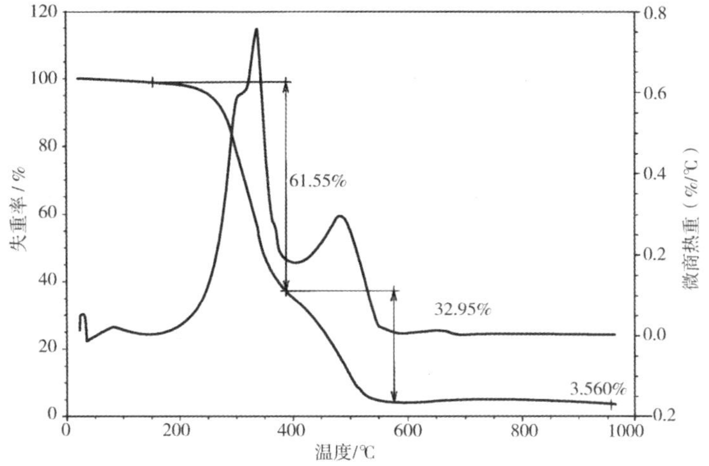

图4-8　样品0热重分析

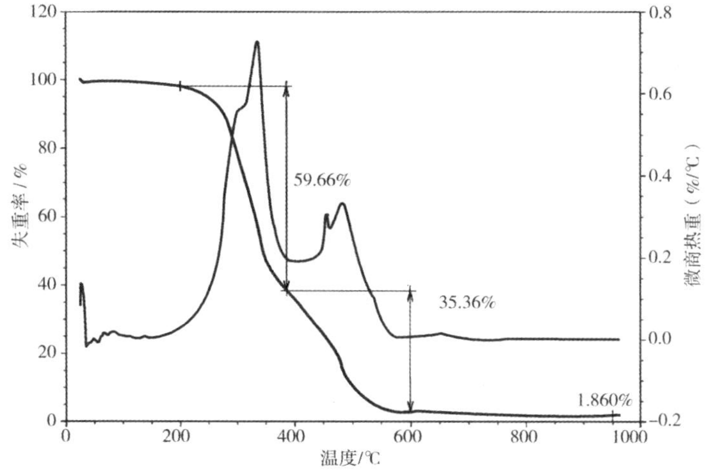

图4-9　样品2热重分析

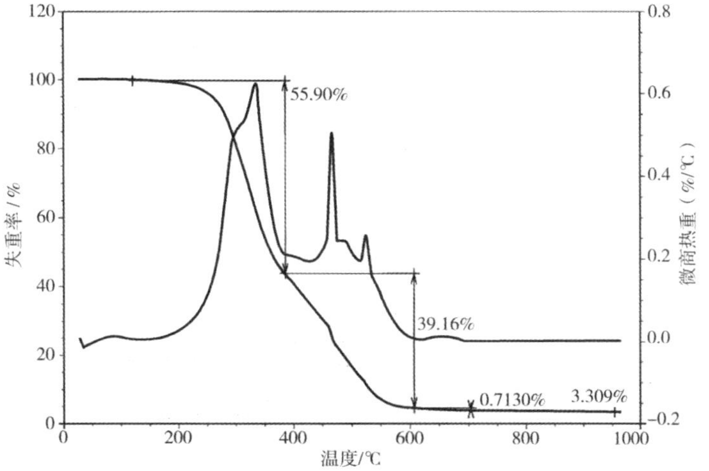

图4-10　样品4热重分析

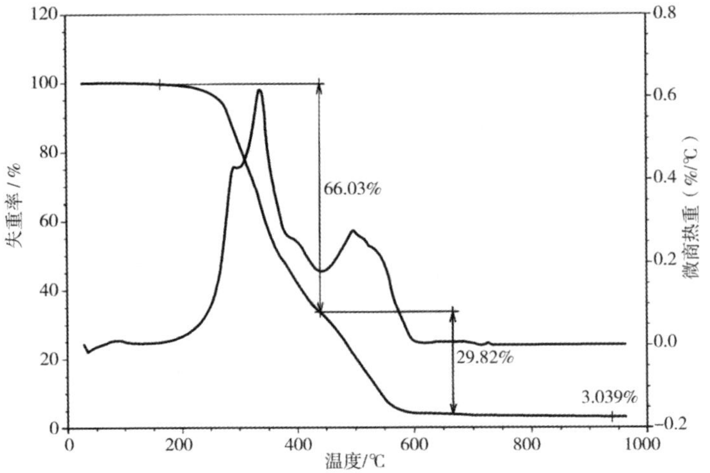

图 4-11　样品 6 热重分析

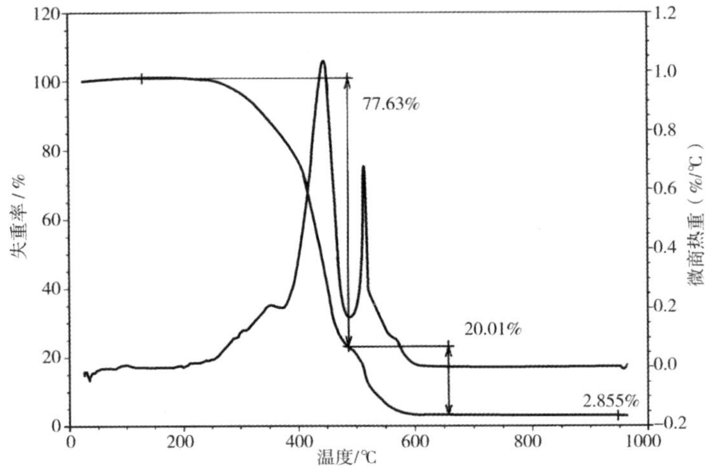

图 4-12　样品 8 热重分析

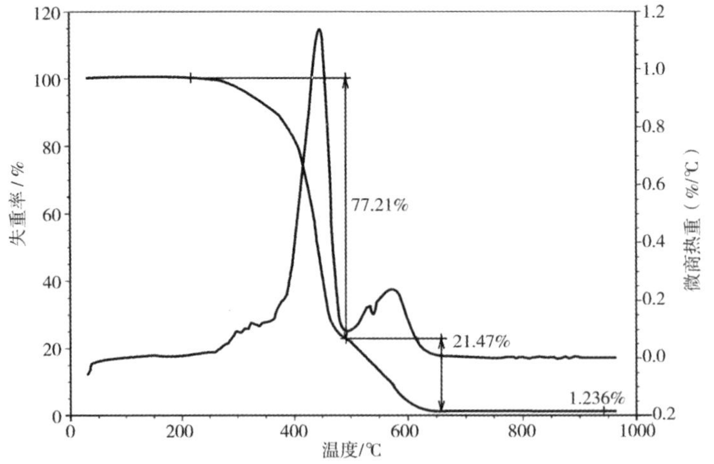

图 4-13　样品 10 热重分析

2. 鞋材废料掺杂生活垃圾及木粉制造衍生燃料

本研究中对鞋材废料与生活垃圾共同制造衍生燃料进行了初步研究。制作了三个样品：样品 1 为鞋料+垃圾+木粉，样品 2 为鞋料+木粉，样品 3 为纯木粉。并对其进行了工业分析、高低位热值分析以及元素分析。通过表 4–4、4–5 数据分析发现，掺杂了生活垃圾的衍生燃料干基高位热值及低位热值最高，说明使用垃圾和鞋材废料共同制造衍生燃料具有一定的可行性。另外通过元素分析发现三种样品中 C、H、N 元素含量的变化并不明显，这可能是因为鞋材废料和垃圾掺杂的比例还较小，影响不大。通过检测发现 S、Cl 元素虽然含量较少，但是有变化，值得注意，因为在燃料燃烧过程中，S 元素的含量及转化决定脱硫装置的规模及类型，而 Cl 元素的存在有可能会是燃烧烟气中产生二噁英的重要因素。总体来说鞋材废料和生活垃圾联合制作衍生燃料具有一定的可行性。

表 4–4　工业分析及高低热值分析

样品名称	含水率 /%	挥发分 /%	灰分 /%	固定碳 /%	干基高位热值 /(kJ·kg^{-1})	干基低位热值 /(kJ·kg^{-1})
样品 1（鞋料+垃圾+木粉）	5.49	77.72	6.88	15.40	20 368.1	17 760.2
样品 2（鞋料+木粉）	5.36	77.07	6.83	16.10	19 980.8	17 419.4
样品 3（木粉）	6.97	79.80	2.61	17.59	19 217.9	16 414.8

表 4–5　元素分析

样品名称	C/%	H/%	N/%	S/%	O/%	Cl/%
样品 1（鞋料+垃圾+木粉）	46.87	6.36	2.65	0.03	37.15	0.06
样品 2（鞋料+木粉）	47.56	6.37	2.89	0.04	36.26	0.05
样品 3（木粉）	45.52	6.16	3.14	0.01	42.53	0.03

4.2.4　实验小结

通过对不同比例鞋材废料添加对衍生燃料的影响研究，得出鞋材废料的添加比例增大可增加挥发分含量、减少灰分的结论，同时由于鞋材废料是易燃物，添加鞋材废料有助于提高燃烧性能。通过元素分析发现用鞋材废料制作的衍生燃料中 S、Cl 含量不高，但由于本实验选取的是所有鞋材边角料中的部分，不能确保其他种类的鞋材废料此两种污染物的含量也低，因此在利用鞋材废料制作衍生燃料时，应该依实际情况而定。另外，通过研究鞋材废料、生活垃圾及木粉制作衍生燃料的工业分析、高低位热值分析及元素分析，可知三者共同制作衍生燃料具有一定的可行性。

惠州市惠东县每天有300多t鞋材废料产生，与生活垃圾相比，鞋材废料具有有机物含量高、成分变化小、水分含量低、热值较高等特性。用其制造衍生燃料具有热值高、燃烧稳定、二次污染低及二噁英类物质排放低等特点；同时，可减少其随意堆积填埋而占用的土地空间，也可减少因其直接燃烧而产生的污染。用鞋材废料生产的衍生燃料可以应用于干燥工程、水泥制造、供热工程和发电工程等领域，是一条可行的资源化利用途径。但在实际利用过程中，应该根据惠东县实际情况，考虑鞋材废料的收集储运、掺加配比、与其他物料混合的可能性等问题，在降低污染保护环境的同时，考虑经济平衡性。

4.3 混合塑胶跑道实验研究

本研究主要讨论鞋材废料中聚乙烯醋酸乙烯酯（EVA）塑料弹性体及聚氨酯（PU）弹性体作为塑胶跑道添加颗粒生产聚氨酯塑胶跑道的资源化利用方式。聚氨酯塑胶跑道是20世纪60年代中期发展起来的一种新型塑胶跑道，其具有优良的耐磨、耐油、防滑、阻燃、耐老化、硬度范围宽、弹性适宜、吸震性能优、色彩美观、场地清洁维护简便且可全天候使用等特点，在世界各国的体育竞技和训练场地中普遍使用。弹性体跑道铺装需要的主要材料为M9混合浆料（广州腾威科技有限公司产品牌号）以及一种弹性的橡胶/塑胶颗粒。若不添加弹性颗粒，M9浆料可制成全塑型跑道；若添加颗粒，则制成混合型跑道。以前加入的弹性颗粒主要为废旧汽车轮胎颗粒，由于废旧轮胎颗粒含有超标的多元芳烃等有害物质，已经逐渐被各地新的塑胶跑道地方标准限制使用，目前普遍添加EPDM（三元乙丙）橡胶颗粒作为混合型跑道中的弹性填充料，本实验尝试使用鞋材废料中的EVA以及PU替代EPDM颗粒或部分M9。

4.3.1 实验目的

在不降低塑胶跑道材料物理、化学性能的基础上，将鞋材废料中EVA料、PU料制成胶粒替代部分生产塑胶跑道的弹性颗粒，以寻求此类鞋业废料资源化利用的途径。

4.3.2 实验设计

在实验中比较2种不同鞋材废料颗粒、相同类型M9浆料对塑胶跑道性能及生产成本、生产工艺要求的影响，并对其进行性能对比研究和经济效益分析。

（1）不同体积配比（初步为：0%、5%、10%、15%、20%、25%）的颗粒（分别由EVA废料、PU废料粉碎制作）与M9弹性浆料制成的塑胶跑道性能对比研究。

（2）在满足塑胶跑道基本性能的前提下，分析生产相同面积的塑胶跑道，部分鞋材废料颗粒代替M9、EPDM生产塑胶跑道时的经济效益。

4.3.3　实验开展

1.实验材料

本实验所需原料主要为本项目鞋材废料中EVA料和PU料制成的颗料以及M9液体浆料，如图4–14所示。

（1）EVA颗粒和PU颗粒

本项目所用鞋材废颗粒由惠州市环境科学研究所科研人员从惠东县某鞋业制造厂取得，形状不规则，但除裁剪外，未经过其他化学加工。惠州市环境科学研究所科研人员委托相关单位进行破碎，形成粒径为3mm左右的颗粒。这2种鞋材废料破碎前后的外观见图4–14。

（2）M9浆料

M9浆料为某公司成品，由该公司提供。M9浆料由甲、乙组分组成。其中甲组分含有MDI、聚醚多元醇、氯代植物油、助剂等，乙组分含有聚醚多元醇、氯代植物油、醋酸乙酯、偶联剂、助剂、高岭土、石粉、氧化铁红等。M9甲、乙组分按一定的比例（35∶9）混合制成M9浆料。

(a)PU边角料　(b)EVA边角料　(c)PU颗粒

(d)EVA颗粒　(e)M9甲组分　(f)M9乙组分

图4–14　实验材料

2.实验设备

破碎机：将鞋材废料破碎成3mm粒径的颗粒；

台秤：称量物料重量；

搅拌器：将破碎好的颗粒倒入已配置好的M9液体中搅拌均匀；

制膜模具：将M9或M9与弹性颗粒的混合料倒入模具固化成厚度11～12mm的跑道弹性层；

哑铃形裁刀：将固化好的跑道弹性层切成哑铃形试片；

拉力机：拉伸哑铃形切片，测试跑道弹性层的拉伸强度和拉断延伸率；

邵氏A型硬度计：检测固化后跑道弹性层的表面硬度。

部分设备如图4-15所示。

(a)台秤

(b)拉伸强度、延伸率检测仪(拉力机)

(c)游标卡尺

(d)邵氏A型硬度计

图4-15　实验过程中使用的部分仪器

3.实验过程

首先，制备胶粒以及M9跑道弹性浆料（M9跑道弹性浆料的生产不在本实验研究范围内，因此省略其生产环节，本课题认为它是一种成分、理化性质稳定的混合物）；

其次，将制备好的鞋材胶粒与M9浆料按体积比5∶95、10∶90、15∶85、20∶80、25∶75分别进行混合搅拌、倒模，制成样本，即跑道弹性体，每种配比制作2个样本共 10 个样本；样本规格为：1m × 1m × 11mm，共制成 1100mL 液体，总重量约 13.5kg，最后切割成 30mm × 30mm × 11mm 的样品；

再次对已经制备好的 10 个弹性体样品喷面漆；

最后对已经制备好的 10 个弹性体样品，在内部实验室进行物理性能检测，每种弹性体样品随机取 5 个样，共检测 50 个样品的物理性能。

实验过程见图 4–16。实验工具见图 4–17。

（a）配样

（b）搅拌

（c）倒模

（d）制样

（e）取样

（f）喷漆

图 4–16　实验过程

（a）搅拌器

（b）模具

（c）哑铃形裁刀整体

（d）哑铃形裁刀刀头

图4–17　实验工具

注：由于EVA胶粒以及PU胶粒、M9浆料均分别进行了化学成分的检测，所测结果均符合深圳市工程建设技术规范《合成材料运动场地面层质量控制标准（试行）》（深建科工［2016］15号）要求，所以推测出任意比例的鞋材胶粒与M9制成的弹性层（未添加其他物质，未发生化学反应）有害成分均能满足该规范要求。所以仅对其进行物理性能的检测，不再检测化学有害成分。

对已经制备好的10个弹性体样品喷面漆后再进行抽检。因实验经费有限，不能所有样品均送检。若送检实验颗粒含量太低的样品，则实验意义不大；若送检实验颗粒含量太高的样品，又担心检测不合格。因此，本实验抽检的EVA料和PU料胶粒含量均偏高，即体积分数分别为15%的样品。

具体实验流程如图4–18所示。

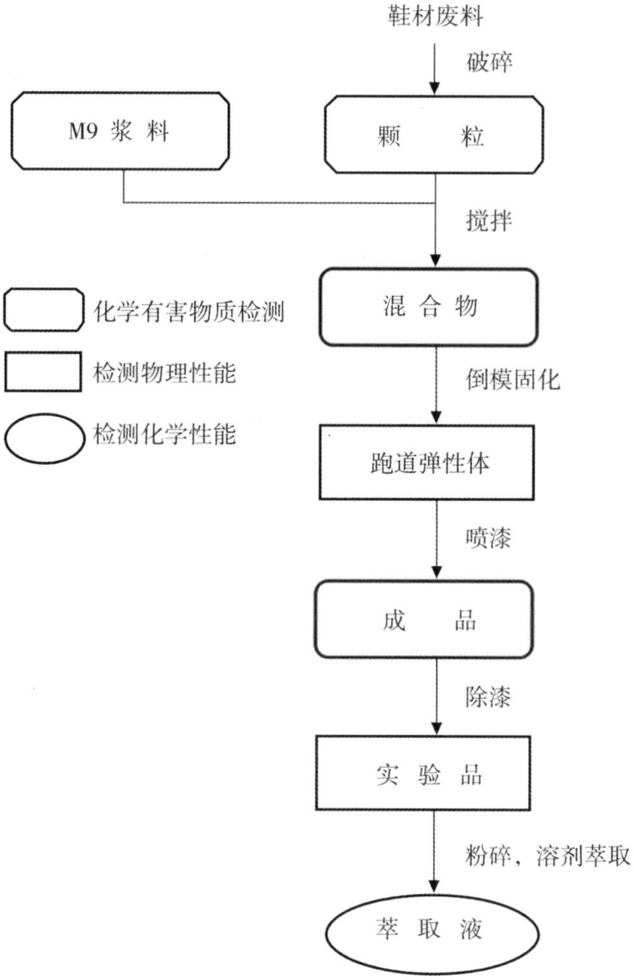

图4–18　混合跑道材料实验流程

4.3.4　实验结果及评价

1. 评价标准

目前关于塑胶跑道性能的评价包括物理指标的评价以及化学指标（有害物质含量）的评价。本实验收集了目前国家标准以及深圳、上海等地相关评价标准，并对标准进行了对比，拟采用目前国内最严苛标准对本实验样品进行评价。国内目前广泛采用的指标体系分别见表4–6和表4–7。

表4-6 合成材料场地面层材料有害物质限量（摘录）

项目	深圳市工程技术规范《合成材料运动场地面层质量控制标准(试行)》		《GB/T14833—2011合成材料跑道面层》有害物质限量	上海《T/310101002—C003—2016C 学校运动场地塑胶面层有害物质限量》			《GB/T22517.6—2.11 体育场地使用要求及检验方法》第6部分：田径场地面层材料中有害物质限量	《GB21027—2007学生用品的安全通用要求》
	聚氨酯胶体主料	橡胶类防滑、填充颗粒		塑胶面层成品中有害物质限量技术指标	非固体原料中有害物质限量技术指标	固体原料中有害物质限量技术指标		
总挥发性有机化合物(TVOC)释放率/(mg·m^{-2}·h^{-1})	—	—	—	≤5.0	—	—	—	—
挥发物含量	≤200g/L	≤1.0%	—	—	≤30	—	—	≤50
游离甲醛/(g·kg^{-1})	—	—	—	—	≤0. 50	—	—	≤1
苯/(g·kg^{-1})	≤0.05	≤0.05	≤0.05	不得检出(最低检出含量为0.02g/kg)	不得检出(最低检出含量为0.02g/kg)	—	≤0.05	≤0.2
甲苯/二甲苯总和/(g·kg^{-1})	≤0.10	≤0.05	≤0.05	≤0.05	≤1.0	—	≤0.05	≤10
游离甲苯二异氰酸酯/(g·kg^{-1})	≤10	≤0.20	≤0.20	不得检出(最低检出含量为0.1g/kg)	不得检出(最低检出含量为0.1g/kg)	—	≤0.20	—
多环芳烃(18种总和)(mg·kg^{-1})	—	≤50	—	—	—	≤50	—	—
苯并【a】芘(mg·kg^{-1})	—	≤1.0	—	—	—	≤1.0	—	—

（续上表）

项目	深圳市工程技术规范《合成材料运动场地面层质量控制标准(试行)》		《GB/T14833—2011合成材料跑道面层》有害物质限量	上海《T/310101002—C003—2016C 学校运动场地塑胶面层有害物质限量》			《GB/T22517.6—2.11 体育场地使用要求及检验方法》第6部分：田径场地面层材料中有害物质限量	《GB21027—2007学生用品的安全通用要求》
	聚氨酯胶体主料	橡胶类防滑、填充颗粒		塑胶面层成品中有害物质限量技术指标	非固体原料中有害物质限量技术指标	固体原料中有害物质限量技术指标		
短链氯化石蜡(C10–C13)/%	≤0.15	≤0.15	—	—	不得检出（最低检出含量为1g/kg）	—	—	—
邻苯二甲酸酯类(DBP、BBP、DEHP、DNOP、DINP、DIDP)/%	≤0.20	≤0.20	—	—	≤2 g/kg	—	—	—
3,3'–二氯–4,4'–二氨基二苯甲烷(MOCA)/%	—	≤0.10	—	—	不得检出（最低检出含量为0.5g/kg）	—	—	—
重金属和类重金属/(mg·kg^{-1}) 可溶性铅	≤50		≤90	≤30	≤30	≤30	≤90	90
可溶性镉	≤10		≤10	≤10	≤10	≤10	≤10	50
可溶性铬	≤10		≤10	≤10	≤10	≤10	≤10	25
可溶性汞	≤2		≤2	≤2	≤2	≤2	≤2	25
锑	—		—	—	—	—	—	60
砷	—		—	—	—	—	—	25
钡	—		—	—	—	—	—	250
硒	—		—	—	—	—	—	500

表 4–7　合成材料跑道面层物理性能（摘录）

项目		深圳市工程技术规范《合成材料运动场地面层质量控制标准（试行）》	《GB/T 14833—2011 合成材料跑道面层》	《GB/T 22517.6—2011 体育场地使用要求及检验方法》第6部分：田径场地	《GB/T 19851.11—2005 中小学体育器材和场地》第11部分合成材料面层运动场地物理机械性能	上海《T/310101002—C003—2016C 学校运动场地塑胶面层有害物质限量》（无物理指标）
拉伸强度/MPa		≥0.5	≥0.4（渗水型） ≥0.5（非渗水型）	≥0.4（渗水型） ≥0.5（非渗水型）	≥0.5	—
断裂伸长率/%		≥40	≥40	≥40	—	—
阻燃/级		I	I	I	I	—
耐老化性能	拉伸强度/MPa	≥0.5	≥0.4（渗水型） ≥0.5（非渗水型）	≥0.4（渗水型） ≥0.5（非渗水型）	—	—
	断裂伸长率/%	≥40	≥40	—	—	—
冲击吸收/%		35～50	35～50	35～50	35～50	—
垂直变形/mm		0.6～2.5	0.6～2.5	0.6～2.5	0.6～2.2	—
抗滑值/（BPN,20℃）		≥47	≥47	≥47	—	—
扯断伸长率/%		—	—	—	≥90	—
压缩复原率		—	—	—	≥90	—
回弹值/%		—	—	—	≥20	—

从表 4–6 和表 4–7 可以看出，化学指标中上海《T/310101002—C003—2016C 学校运动场地塑胶面层有害物质限量》指标值相对较严苛；物理指标国家标准及地方标准趋于一致。

2. 实验样品

本实验制成的样品见图 4–19。

3. 实验结果及评价

（1）原料化学性能检测结果

检测单位及检测时间：

鞋材边角料：广州质量监督检测研究院（2016 年 10 月 10—17 日）；

无添加颗粒的跑道材料：深圳市计量质量检测研究院（2016 年 8 月 15—26 日）；

EPDM 颗粒：上海建科检验有限公司（2016 年 7 月 19 日）。检测结果见表 4–8。

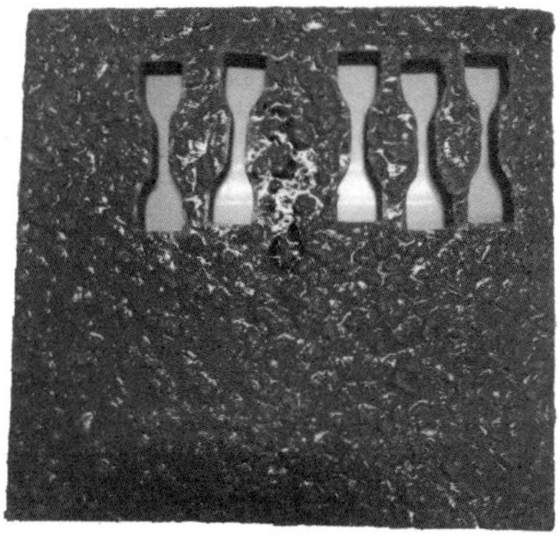

(a)含 EVA 料的弹性体
(质软,粒径较大)

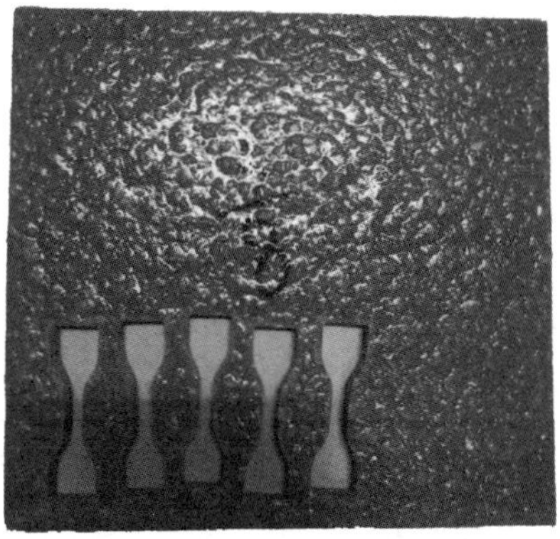

(b)含 PU 料的弹性体

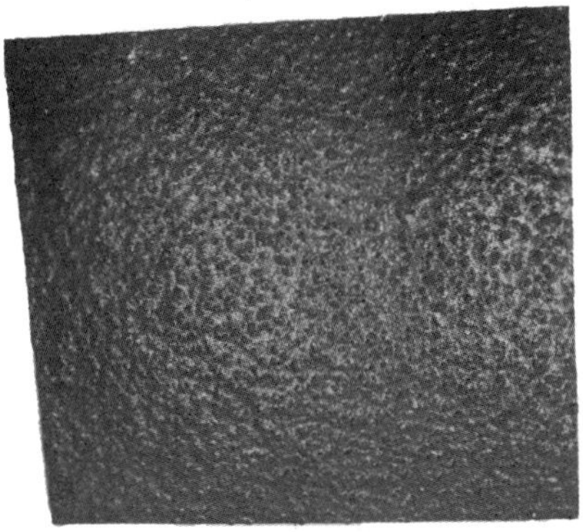

(c)涂过面漆的混合
塑胶跑道(含 PU 料)

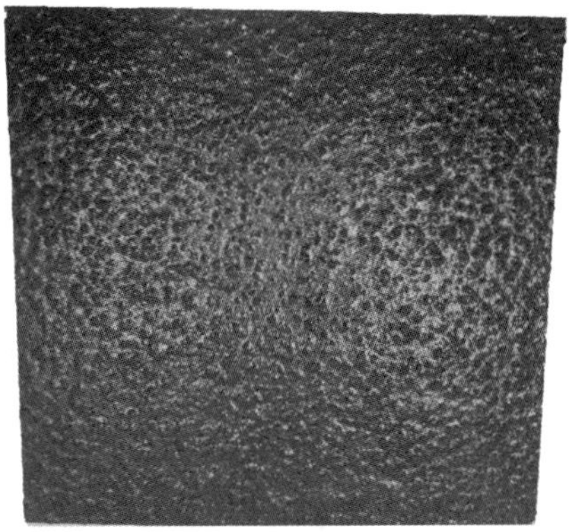

(d)涂过面漆的混合
塑胶跑道(含 EVA 料)

图 4-19　实验样品

表 4-8　合成材料场地面层材料有害物质检测结果

序号	检测项目	单位	最严评价标准值	检出限	不同原料检测结果			
					EVA（灰黄颗粒）	PU（白颗粒）	M9:固化剂=3:1	EPDM 橡胶粒
1	挥发分含量		≤1.0% ≤30g/L(非固体原料,上海标准); ≤200g/L(非固体原料,深圳标准)	—	0.9%	0.9%	37g/L	—
2	苯	g/kg	≤0.05(固体原料); 不得检出,检出限 0.02(非固体原料)	0.002	N.D.	N.D.	N.D.	—

（续上表）

序号	检测项目		单位	最严评价标准值	检出限	不同原料检测结果			
						EVA（灰黄颗粒）	PU（白颗粒）	M9:固化剂=3∶1	EPDM橡胶粒
3	甲苯/二甲苯总和		g/kg	≤0.05	0.002	N.D.	N.D.	N.D.	—
4	游离甲苯二异氰酸酯		g/kg	≤0.20（填充颗粒）；不得检出（非固体原料，检出限0.1）	0.002	N.D.	N.D.	N.D.	—
5	邻苯二甲酸酯类（DBP、BBP、DEHP、DNOP、DINP、DIDP）		%	≤0.20；≤2g/kg（非固体原料）	0.005	N.D.	N.D.	N.D.	—
6	多环芳烃（18种总和）		mg/kg	≤50	0.2	N.D.	N.D.	—	ND
7	苯并【a】芘		mg/kg	≤1.0	0.2	N.D.	N.D.	—	—
8	短链氯化石蜡（C10–C13）		%	≤0.15；不得检出（非固体原料，检出限1g/kg）	0.1	N.D.	N.D.	0.078	—
9	3,3’–二氯4,4’–二氯基二苯甲烷（MOCA）		%	≤0.10；不得检出（非固体原料，检出限0.5g/kg）	0.001	N.D.	N.D.	—	—
10	可溶性重金属	铅	mg/kg	≤30	1.0	N.D.	N.D.	N.D.	N.D.
11		镉		≤10	1.0	N.D.	N.D.	N.D.	N.D.
12		铬		≤10	1.0	1.2	1.3	N.D.	N.D.
13		汞		≤2	0.1	N.D.	N.D.	N.D.	N.D.

注：N.D.表示未检出或小于检出限。

由表4–8可以得出以下检测结论：

①固体原料M9所测指标除挥发分（因为0.078%<0.1%检测限量）不满足上海《T /310101002—C003—2016C学校运动场地塑胶面层有害物质限量》外，其余所有检测值均满足国家以及深圳市相关标准，可溶性重金属未检出。

②鞋材废料EVA颗粒以及PU颗粒所测项目检测结果基本无差异，所检项目均符合国家以及深圳、上海相关标准，但挥发分含量偏高，且可溶性重金属铅有检测出，应引起重视。

③EPDM颗粒只进行了多环芳烃以及可溶性重金属的检测，检测结果均为未检出，符合目前国内相关标准。

（2）弹性体物理性能检测结果

①公司内部实验室物理性能检测

PU 颗粒以及 EVA 颗粒分别与 M9 制成的弹性体的检测由广州腾威科技有限公司内部实验室进行，检测结果见表 4–9、表 4–10。

表 4–9　PU 颗粒与 M9 混合制成的弹性体物理性能检测结果

样品编号	颗粒体积百分比/%	割样编号	邵 A 硬度	拉伸强度/MPa	拉断伸长率/%	合格判断
W1	5	1	50	0.855	82.90	
		2	49	0.871	92.30	
		3	50	0.832	81.60	
		4	50	0.815	87.20	
		5	49	0.891	86.30	
平均值：			49.6	0.8528	86.06	合格
样品编号	颗粒体积百分比/%	割样编号	邵 A 硬度	拉伸强度/MPa	拉断伸长率/%	
W2	10	1	48	0.698	83.00	
		2	48	0.732	83.90	
		3	46	0.710	79.60	
		4	48	0.721	89.40	
		5	47	0.731	82.50	
平均值：			47.4	0.7184	83.68	合格
样品编号	颗粒体积百分比/%	割样编号	邵 A 硬度	拉伸强度/MPa	拉断伸长率/%	
W3	15	1	49	0.717	82.10	
		2	50	0.701	52.30	
		3	50	0.752	81.60	
		4	50	0.801	78.70	
		5	49	0.702	91.30	
平均值：			49.6	0.7346	77.2	合格
样品编号	颗粒体积百分比/%	割样编号	邵 A 硬度	拉伸强度/MPa	拉断伸长率/%	
W5	20	1	43	0.875	110.00	
		2	45	0.801	92.70	
		3	46	0.785	89.60	
		4	43	0.697	91.50	
		5	45	0.684	86.70	
平均值：			44.4	0.7684	94.1	合格
样品编号	颗粒体积百分比/%	割样编号	邵 A 硬度	拉伸强度/MPa	拉断伸长率/%	
W8	25	1	41	0.552	77.80	
		2	42	0.562	79.30	
		3	44	0.513	82.50	
		4	41	0.612	76.30	
		5	38	0.536	71.90	
平均值：			41.2	0.555	77.56	合格

表4-10　EVA颗粒以及M9制成的弹性体物理性能检测结果

样品编号	颗粒体积百分比/%	割样编号	邵A硬度	拉伸强度/MPa	拉断伸长率/%	合格判断
Y1	5	1	51	1.006	99.86	
		2	52	1.102	121.34	
		3	51	1.023	101.22	
		4	50	0.987	127.31	
		5	50	1.027	107.52	
平均值:			50.8	1.029	111.45	合格
样品编号	颗粒体积百分比/%	割样编号	邵A硬度	拉伸强度/MPa	拉断伸长率/%	
Y2	10	1	48	0.917	96.74	
		2	48	0.932	95.70	
		3	49	0.908	87.35	
		4	47	0.921	99.31	
		5	50	0.909	83.51	
平均值:			48.4	0.9174	92.522	合格
样品编号	颗粒体积百分比/%	割样编号	邵A硬度	拉伸强度/MPa	拉断伸长率/%	
Y3	15	1	48	0.786	63.23	
		2	46	0.793	79.30	
		3	49	0.775	67.92	
		4	48	0.727	78.53	
		5	48	0.792	79.77	
平均值:			47.8	0.7746	73.75	合格
样品编号	颗粒体积百分比/%	割样编号	邵A硬度	拉伸强度/MPa	拉断伸长率/%	
Y5	20	1	46	0.710	95.74	
		2	47	0.711	73.21	
		3	45	0.707	85.74	
		4	46	0.721	79.35	
		5	46	0.717	91.27	
平均值:			46	0.7132	85.062	合格
样品编号	颗粒体积百分比/%	割样编号	邵A硬度	拉伸强度/MPa	拉断伸长率/%	
Y8	25	1	42	0.620	85.54	
		2	43	0.617	71.49	
		3	43	0.659	80.22	
		4	43	0.631	72.00	
		5	44	0.620	67.94	
平均值:			43	0.6294	75.438	合格

由表4-9、表4-10可以得出以下结论：

a.体积分数为5%～25%的EVA和PU颗粒的混合弹性层物理性能检测指标邵A硬

度、拉伸强度、拉断伸长率均符合目前国内相关标准的要求，且随着添加颗粒比例的增加，各指标值均有所下降（虽个别样品有异样，经核实，可能是由于搅拌混合不均匀，取样有偏差所致）。对应相关标准，随着添加颗粒比例的增加，其物理性能有所下降，但添加比例达到25%时，上述三项指标仍能满足标准要求。

b.分别添加相同体积鞋材废料EVA颗粒和PU颗粒所制成的弹性体所测项目检测结果有一定的差异，添加相同体积鞋材废料EVA颗粒制成的弹性体物理指标邵A硬度、拉伸强度、拉断伸长率检测值均优于添加PU颗粒制成的弹性体。

②含15%鞋材废料的混合塑胶跑道物理性能送检

考虑到内部实验室没有经过CMA体系认证，只是作为内部抽检参考，而且从以往内部检测与外部检测的对比情况来看，内部实验室检测结果均较外部实验室检测值高。据分析，主要是由于公司内部实验室检测设备陈旧、老化，检测精度不同所致。因此，在内部检测样品物理性能均合格的情况下，考虑到实验经费有限，课题组将鞋材废料体积分数为15%的塑胶跑道材料送到有资质单位检测，检测结果见表4-11。

实验样品检测时间：2016年10月10—24日

检测单位：广州质量监督检测研究院国家高分子工程材料及制品质量监督检验中心（广东）

全塑型塑胶跑道材料检测时间：2016年8月12—24日

表4-11　混合型跑道材料物理性能检测结果

序号	检验项目	单位	最严标准要求	检验结果		
				含鞋业边角料EVA的跑道	含鞋业边角料PU的跑道	全塑型塑胶跑道
1	冲击吸收	%	35～50	41	39	41.9
2	垂直变形	mm	0.6～2.5	2.0	1.8	1.8
3	抗滑值(BPN,20℃)	___	≥47	72	70	65.2
4	拉伸强度	MPa	非渗水型:≥0.5	0.64	0.60	0.615
5	拉断伸长率	%	≥40	84	81	76.7
6	阻燃	级	Ⅰ	Ⅰ	Ⅰ	Ⅰ

由表4-11可以看出：

a.鞋材废料体积分数为15%的混合塑胶跑道面层材料均符合国家以及上海、深圳的相关标准。

b.鞋材废EVA料体积分数为15%的混合塑胶跑道材料物理指标中垂直变形、抗滑值、拉伸强度以及拉断伸长率均优于全塑型塑胶跑道材料，仅冲击吸收项目指标略低于全塑型塑胶跑道材料。

c.鞋材废EVA料体积分数为15%的混合塑胶跑道材料物理指标均优于鞋材废PU料体积分数为15%的混合塑胶跑道，从这点上来看，EVA鞋材废料更适合做混合型的塑胶跑道。

d.鞋材废PU料体积分数为15%的混合塑胶跑道材料物理指标中抗滑值以及拉断伸长率优于全塑型跑道，但冲击吸收、拉伸强度以及拉断伸长率均不及全塑型跑道。

③ 鞋材废PU料体积分数为15%的混合塑胶跑道材料化学性能检测

虽然实验中添加的废鞋材颗粒与M9浆料化学有毒物检测均合格，但为了进一步证明其物理合成的塑胶跑道化学性质合格，课题组将鞋材废PU颗粒体积分数为15%的聚氨酯跑道材料进行了送检。

检测时间：2016年10月17—21日

检测单位：西安国联质量检测技术股份有限公司

检测依据：《GB 21027—20007 学生用品的安全通用要求》

表4–12 鞋材废PU颗粒体积分数为15%的聚氨酯跑道材料化学性能检测结果

序号	检测项目	单位	标准限值	检测结果	检出限	检测方法
1	砷(As)	mg/kg	25	N.D.	2.5	参考GB 6675—2003附录C,采用电感耦合等离子体发射光谱仪(ICP－OES)进行分析
2	铬(Cr)	mg/kg	60	N.D.	5	
3	钡(Ba)	mg/kg	1000	N.D.	5	
4	硒(Se)	mg/kg	500	N.D.	5	
5	锑(Sb)	mg/kg	60	N.D.	5	
6	镉(Cd)	mg/kg	75	N.D.	5	
7	汞(Hg)	mg/kg	60	N.D.	5	
8	铅(Pb)	mg/kg	90	N.D.	5	
9	甲醛	g/kg	≤1.0	N.D.	0.02	参考GB 21027—2007
10	苯	g/kg	≤0.2	N.D.	0.005	
11	甲苯/二甲苯	g/kg	≤10	0.00817	0.005	
备注	N.D.=未检出或小于检出限					

由表4–12可以看出，鞋材废PU颗粒体积分数为15%的聚氨酯跑道材料化学性能符合《GB 21027—2007学生用品的安全通用要求》，重金属均未检出，甲醛、苯也未检出，甲苯/二甲苯有检出，占标率很低，约为0.0817 g/kg。由此说明，鞋材废PU颗粒体积分数为15%的聚氨酯跑道材料重金属以及苯类毒性物质含量很低。

由于《GB 21027—2007学生用品的安全通用要求》发布时间较早，其中检测项目苯、甲苯/二甲苯、镉、汞、铅、铬标准限值均低于国家现有标准以及深圳、上海等地的相关标准，因此，本报告分析时将检测结果与国内目前最严标准进行了比对，发现鞋材废PU颗粒体积分数为15%的聚氨酯跑道材料所测重金属指标中苯、甲苯/二甲苯、镉、汞、铅、铬均低于目前国家标准以及深圳、上海等地相关标准。值得说明的是，鞋材废料以及M9原料中甲苯/二甲苯总和检测值低于检出限2 mg/kg，但制成的弹性体中，其含量达到了8.17 mg/kg。据分析，由于此次检测方法不同，最低检出限为5 mg/kg，检测值接近检出限，可能存在一定的检测误差。

为了将鞋材废PU颗粒体积分数为15%的聚氨酯跑道化学性能检测结果与全塑型喷面跑道有毒有害物质检测结果进行比对，课题组收集了广州腾威科技有限公司2016年7月4—12日送检的全塑型喷面跑道有毒有害物质检测报告进行对比分析。全塑型喷面跑道有毒有害物质检测结果见表4-13。

检测时间：2016年7月4—12日

检测单位：通标标准技术服务有限公司广州分公司

注：欧盟体系检测。

表 4-13　全塑型喷面跑道有毒有害物质检测结果

<table>
<tr><th>序号</th><th colspan="2">测试项目</th><th>单位</th><th>标准限值</th><th>检测值</th><th>方法检出限</th><th>CAS NO.</th><th>测试方法</th></tr>
<tr><td>1</td><td colspan="2">游离甲醛</td><td>g/kg</td><td>0.5</td><td>N.D.</td><td>0.02</td><td></td><td>参考GB 18583—2008附录A，采用紫外-可见分光光度计进行测定</td></tr>
<tr><td>2</td><td colspan="2">苯</td><td>mg/kg</td><td>50</td><td>N.D.</td><td>1</td><td>71-43-2</td><td>参照 US EPA 5021A：2003方法测定，采用HS-GS-MS进行分析</td></tr>
<tr><td rowspan="5">3</td><td rowspan="5">甲苯和二甲苯</td><td>甲苯</td><td>mg/kg</td><td>—</td><td>N.D.</td><td>1</td><td>108-88-3</td><td></td></tr>
<tr><td>间/对-二甲苯</td><td>mg/kg</td><td>—</td><td>N.D.</td><td>2</td><td>108-38-3/106-42-3</td><td></td></tr>
<tr><td>邻-二甲苯</td><td>mg/kg</td><td>—</td><td>N.D.</td><td>1</td><td>95-47-6</td><td></td></tr>
<tr><td>二甲苯</td><td>mg/kg</td><td>—</td><td>N.D.</td><td>—</td><td>106-42-3</td><td></td></tr>
<tr><td>甲苯/二甲苯</td><td>mg/kg</td><td>50</td><td>N.D.</td><td>—</td><td>108-38-3/95-47-6</td><td></td></tr>
<tr><td rowspan="3">4</td><td rowspan="3">游离甲苯二异氰酸酯</td><td>2,4-甲苯二异氰酸酯</td><td>g/kg</td><td>—</td><td>N.D.</td><td>0.1</td><td></td><td rowspan="3">参考GB 18583—2008附录D，采用GC-MS进行分析</td></tr>
<tr><td>2,6-甲苯二异氰酸酯</td><td>g/kg</td><td>—</td><td>N.D.</td><td>0.1</td><td></td></tr>
<tr><td>甲苯二异氰酸酯总量</td><td>g/kg</td><td>0.2</td><td>N.D.</td><td>—</td><td></td></tr>
</table>

（续上表）

<table>
<tr><th>序号</th><th colspan="2">测试项目</th><th>单位</th><th>标准限值</th><th>检测值</th><th>方法检出限</th><th>CAS NO.</th><th>测试方法</th></tr>
<tr><td rowspan="19">5</td><td rowspan="19">多环芳香烃</td><td>萘</td><td>mg/kg</td><td>—</td><td>1.1</td><td>0.1</td><td>91-20-3</td><td rowspan="19">参考 AfPS GS 2014:01PAK 测试，采用 GC-MS 进行分析</td></tr>
<tr><td>苊烯</td><td>mg/kg</td><td>—</td><td></td><td>0.1</td><td>208-96-8</td></tr>
<tr><td>苊(萘嵌戊烷)</td><td>mg/kg</td><td>—</td><td>0.2</td><td>0.1</td><td>83-32-9</td></tr>
<tr><td>芴</td><td>mg/kg</td><td>—</td><td>1.1</td><td>0.1</td><td>86-73-7</td></tr>
<tr><td>菲</td><td>mg/kg</td><td>—</td><td>2.6</td><td>0.1</td><td>85-01-8</td></tr>
<tr><td>蒽</td><td>mg/kg</td><td>—</td><td>0.5</td><td>0.1</td><td>120-12-7</td></tr>
<tr><td>荧蒽</td><td>mg/kg</td><td>—</td><td>0.5</td><td>0.1</td><td>206-44-0</td></tr>
<tr><td>芘</td><td>mg/kg</td><td>—</td><td>0.5</td><td>0.1</td><td>129-00-0</td></tr>
<tr><td>苯并(a)蒽</td><td>mg/kg</td><td>—</td><td>N.D.</td><td>0.1</td><td>56-55-3</td></tr>
<tr><td>屈</td><td>mg/kg</td><td>—</td><td>N.D.</td><td>0.1</td><td>218-01-9</td></tr>
<tr><td>苯并(b)荧蒽</td><td>mg/kg</td><td>—</td><td>N.D.</td><td>0.1</td><td>205-99-2</td></tr>
<tr><td>苯并(j)荧蒽</td><td>mg/kg</td><td>—</td><td>N.D.</td><td>0.1</td><td>205-82-3</td></tr>
<tr><td>苯并(k)荧蒽</td><td>mg/kg</td><td>—</td><td>N.D.</td><td>0.1</td><td>207-08-9</td></tr>
<tr><td>苯并(a)芘</td><td>mg/kg</td><td>1.0</td><td>N.D.</td><td>0.1</td><td>50-32-8</td></tr>
<tr><td>苯并(e)芘</td><td>mg/kg</td><td>—</td><td>0.1</td><td>0.1</td><td>192-97-2</td></tr>
<tr><td>茚苯(1,2,3-c,d)芘</td><td>mg/kg</td><td>—</td><td>N.D.</td><td>0.1</td><td>193-39-5</td></tr>
<tr><td>二苯并(a,h)蒽</td><td>mg/kg</td><td>—</td><td>N.D.</td><td>0.1</td><td>53-70-3</td></tr>
<tr><td>苯并(g,h,i)芘(二萘嵌苯)</td><td>mg/kg</td><td>—</td><td>N.D.</td><td>0.1</td><td>191-24-2</td></tr>
<tr><td>18 项多环芳香烃总和</td><td>mg/kg</td><td>50</td><td>6.6</td><td>—</td><td></td></tr>
<tr><td>6</td><td colspan="2">短链氯化石蜡</td><td>mg/kg</td><td>1500</td><td>N.D.</td><td>50</td><td></td><td>参考 EPA 方法 3550c:2007，用 GC-NCL-MS / GC-ECD 进行分析</td></tr>
<tr><td rowspan="3">7</td><td rowspan="3">邻苯二甲酸盐</td><td>邻苯二甲酸二丁酯</td><td>%(质量分数)</td><td>—</td><td>N.D.</td><td>0.003</td><td>84-74-2</td><td rowspan="3">参考 EN14372:2004，采用 GC-MS 进行分析</td></tr>
<tr><td>邻苯二甲酸丁苄酯</td><td>%(质量分数)</td><td>—</td><td>N.D.</td><td>0.003</td><td>85-68-7</td></tr>
<tr><td>邻苯二甲酸二(2-乙基己基)酯</td><td>%(质量分数)</td><td>—</td><td>N.D.</td><td>0.003</td><td>117-81-7</td></tr>
</table>

（续上表）

序号	测试项目		单位	标准限值	检测值	方法检出限	CAS NO.	测试方法
		邻苯二甲酸二异壬酯	%(质量分数)	—	N.D.	0.010	28553-12-0/68515-48-0	
		邻苯二甲酸二正辛酯	%(质量分数)	—	N.D.	0.003	117-84-0	参考EN14372：2004，采用GC-MS进行分析
		邻苯二甲酸二异癸酯	%(质量分数)	—	N.D.	0.010	26761-40-0/68515-49-1	
		邻苯6P总和	%(质量分数)	0.20	N.D.	0.003	84-74-2	
8	3，3’-二氯-4，4’-二氨基二苯甲烷	4，4’-二氨基-3，3’-二氯二苯甲烷	%(质量分数)	0.1	N.D.	0.050	101-14-4	SGS内部方法-GZTC CHEM-TOP-092-02，es et ICP-OES、UV-VIS、GC-MS、HPLC-DAD/MS和比色方法分析
9	可溶性重金属	可溶性铅（Pb）	mg/kg	50	N.D.	5		参考GB6675.4-2014测定，采用ICP-OES进行分析
		可溶性镉（Cd）	mg/kg	10	N.D.	5		
		可溶性铬（Cr）	mg/kg	10	N.D.	5		
		可溶性汞（Hg）	mg/kg	2	N.D.	2		
备注	限值引用自《T/CECS 593—2019 合成材料运动场地面层质量控制标准》							

对比表4-12和表4-13，由于检测方法、检出限不完全一致，若同样使用《合成材料运动场地面层质量控制标准（试行）》进行评价，可得出以下结论：鞋材废PU颗粒体积分数为15%的聚氨酯跑道材料与全塑型喷面跑道材料可溶性重金属、苯、甲醛均未检出，而鞋材废PU颗粒体积分数为15%的聚氨酯跑道材料甲苯/二甲苯有检出，但远低于欧盟标准检出限，全塑型喷面跑道中甲苯和二甲苯未检出。

④经济可行性分析

经核实，本次实验所用生产设备、采取的生产工艺均与添加EPDM的混合型跑道和全塑型跑道基本相同，每批次生产时间、现场铺装、日常维护、保护等也基本相同，据专业人士预估，使用寿命也基本相同。由此，这里仅进行原料替代的经济成本核算。

一个规范的塑胶跑道周长为400m，其铺装面积约为7000m²，厚度约为13mm；M9密度约为1200kg/m³，EPDM颗粒的密度约1000kg/m³，废鞋材颗粒的密度约400kg/m³；全塑型跑道的重量约为15.6kg/m²；M9市场价格为10000元/t，EPDM市场价格为6000元/t，鞋材废料目前没有进行资源化回收，成本为0，但为促进鞋厂积极参与回收，估算价格按1000元/t计算。计算出用废鞋材颗料替代M9以及EPDM颗粒，废鞋材颗粒体积分数为15%的跑道，节省的成本如表4-14。

表4-14　废鞋材颗粒替代M9和EPDM的经济效益核算（废鞋材颗粒体积分数为15%的跑道）

项目	类型		
	全塑型M9	EPDM	废鞋材颗粒
单价/（元·t^{-1}）	10000	6000	1000
密度/（kg·m^{-3}）	1200	1000	400
铺装总量	铺装面积约为7000m²,厚度约为13mm		
总费用/万元	109	54.6	3.64
节省费用	相对于全塑型跑道,添加体积分数为15%的废鞋材颗粒的跑道节省15.63万元[109-（109×85%+3.64×15%）=15.63万元]；若使用EPDM颗粒替代15%的跑道体积,则节省费用8.19万元[109-（109×85%+54.6×15%）=8.19万元]		

由表4-14可知，废鞋材颗粒替代15%体积的M9浆料，可以节约原料成本14.3%；或者使用废鞋材颗粒替代跑道中的EPDM颗粒（体积比15%时），比EPDM颗粒型的混合型跑道可节省8%的原料成本。

4.3.5　实验小结

（1）鞋材废料EVA颗粒以及PU颗粒所测项目检测结果基本无差异，所检项目均符合目前国家标准以及深圳、上海等地相关标准，但挥发分含量偏高，且可溶性重金属铅有检测出，应引起重视。

（2）EVA和PU颗粒体积分数为5%～25%的混合弹性层物理性能检测指标邵A强度、拉伸强度、拉断伸长率随着添加颗粒比例的增加，各指标值均有所下降。也就是说，随着添加颗粒比例的增加，其物理性能有所下降。

（3）鞋材废料EVA颗粒和PU颗粒体积分数为15%的混合塑胶跑道面层材料均符合目前国家标准以及上海、深圳等地相关标准。

（4）鞋材废EVA料体积分数为15%的混合塑胶跑道物理指标均优于鞋材废PU料体积分数为15%的混合塑胶跑道，从这点上来看，EVA鞋材废料更适合做混合型的塑胶跑道。

（5）鞋材废EVA料体积分数为15%的混合塑胶跑道物理指标中垂直变形、抗滑值、拉伸强度以及拉断伸长率均优于全塑型塑胶跑道，仅冲击吸收项目指标略低于全塑型跑道。

（6）鞋材废PU料体积分数为15%的混合塑胶跑道物理指标中抗滑值以及拉断伸长率优于全塑型跑道，但冲击吸收、拉伸强度以及拉断伸长率均不及全塑型跑道。

（7）废鞋材PU颗粒体积分数为15%的聚氨酯跑道化学性能符合《GB 21027—2007 学生用品的安全通用要求》，重金属均未检出，甲醛、苯也未检出，甲苯/二甲苯有检出，占标率很低，约为0.0817g/kg。由此说明，废鞋材PU颗粒体积分数为15%的聚氨酯跑道重金属以及苯类毒性物质含量很低。

（8）由于《GB 21027—2007 学生用品的安全通用要求》发布时间较早，其中检测项目苯、甲苯/二甲苯、镉、汞、铅、铬标准限值均低于国家现有标准以及深圳、上海等地相关标准。因此，本报告分析时将检测结果与国内目前最严标准进行了比对，发现鞋废PU颗粒体积分数为15%的聚氨酯跑道所测重金属指标中苯、甲苯/二甲苯、镉、汞、铅、铬均低于目前国家标准以及深圳、上海等地相关标准。值得说明的是，鞋材废料以及M9原料中甲苯、二甲苯总和检测值低于检出限2mg/kg，但制成的弹性体中，其含量达到了8.17mg/kg。据分析，由于此次检测方法不同，最低检出限为5 mg/kg，检测值接近检出限，可能存在一定的检测误差。

（9）由于检测方法、检出限不完全一致，若同样使用《合成材料运动场地面层质量控制标准（试行）》来进行评价，可得出以下结论：废鞋材PU颗粒体积分数为15%的聚氨酯跑道与全塑型喷面跑道可溶性重金属、苯、甲醛均未检出，而废鞋材PU颗粒体积分数为15%的聚氨酯跑道甲苯/二甲苯有检出，但远低于欧盟标准检出限，全塑型喷面跑道中甲苯和二甲苯未检出。

（10）用废鞋材颗粒替代部分M9跑道浆料或者EPDM颗粒，可分别节省14.3%和8%的原料成本。

总之，用鞋材EVA、PU废料替代EPDM颗粒生产混合型塑胶跑道，有助于降低生产成本，将部分鞋材废料变为可利用的资源，减少浪费以及处置中对环境的不利影响。但根据本次实验的经验，在进行原料以及产品的化学检测中，建议重点关注挥发物的含量以及甲苯/二甲苯指标、可溶性重金属铅的含量；而由于添加比例增加，物理性能有所下降，所以，不能一味追求经济效益，盲目提高鞋材废颗粒的添加量而导致混合型塑胶跑道的质量降低。

4.4　混凝土砌块实验研究

本研究主要目的为检验是否可以利用鞋材废料生产混凝土砌块以进行资源化利用，因此开展了以下实验研究：

利用五种鞋材废料生产混凝土砌块，研究水泥、矿粉、煤灰、砂、石、水、鞋材废料不同比例制成混凝土砌块的坍落度、扩展度及和易性，同时检测7 d强度和28 d强度，最后检测用鞋材废料生产混凝土砌块的可行性。

4.4.1 实验过程

1. 实验材料

鞋材废料：由惠州市环境科学研究所提供，来自惠州市某制鞋厂，共计5种，见图4-20，分别为材料1——PU（聚氨酯材料）、材料2——鞋底EVA、材料3——EVA（乙烯-醋酸乙烯共聚物）、材料4——橡胶、材料5——混合料。

水泥：华润PⅡ42.5R。

外加剂：洛美聚羧酸高效减水剂。

混合砂：细度模数2.7，含水率5.3%。

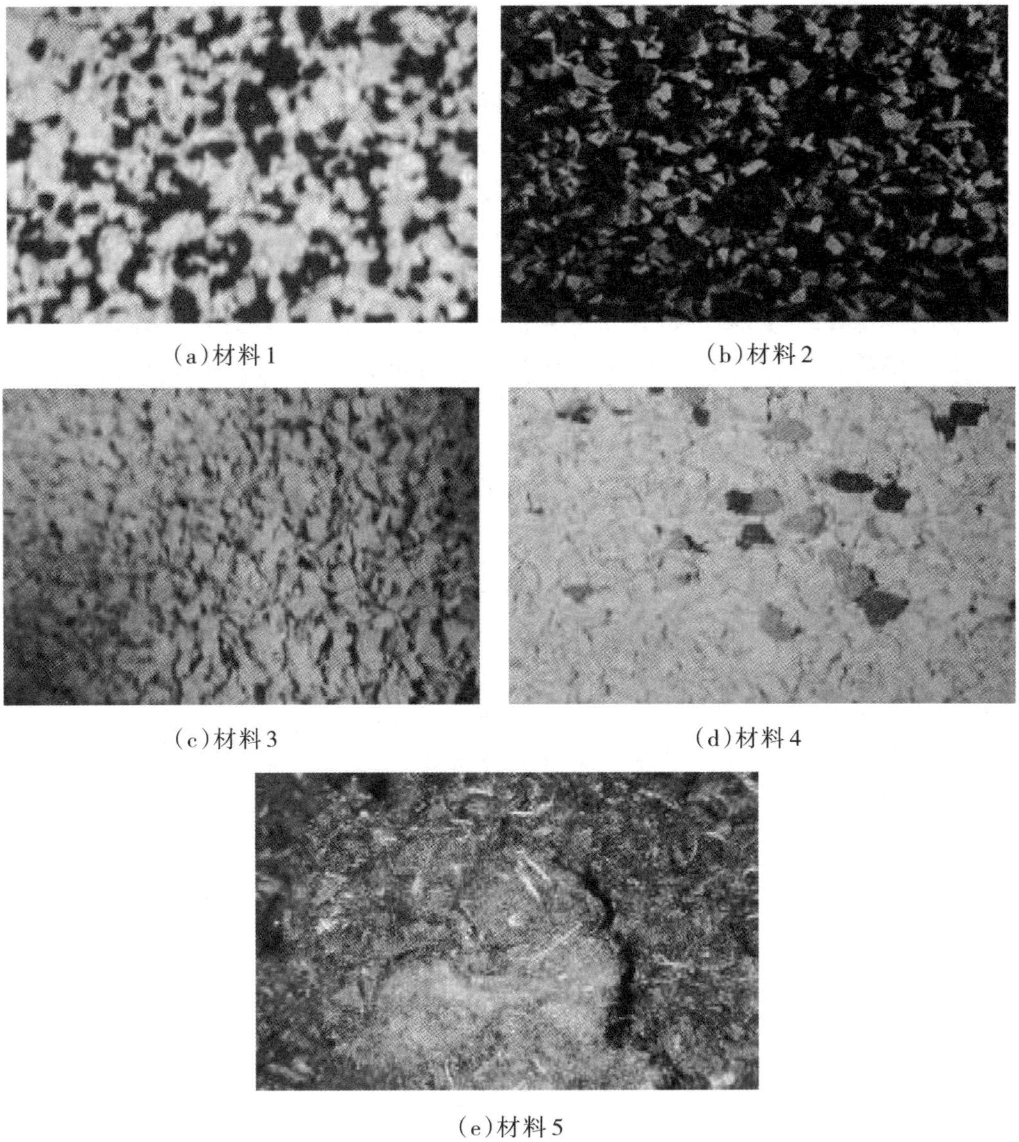

(a)材料1　(b)材料2　(c)材料3　(d)材料4　(e)材料5

图4-20　鞋材废料样品

2. 实验设置

分别将5种鞋材废料与水泥、矿粉、煤灰、砂、石、水配比制成混凝土砌块，具体配比见表4–15，鞋材废料的掺量为胶凝材料质量的2.1%。

表4–15　5种鞋材废料生产混凝土砌块的配比

物料	水泥	矿粉	煤灰	砂	石	水	外加剂	鞋材废料
C30(基准)/g	160.00	75.00	95.00	840.00	1060.00	152.00	7.26	—
质量比	4.80	2.25	2.85	26.50	31.80	3.26	0.22	—
C30(材料1)/g	160.00	75.00	95.00	840.00	1060.00	152.00	7.26	7.00
质量比	4.80	2.25	2.85	26.50	31.80	3.26	0.22	0.21
C30(材料2)/g	160.00	75.00	95.00	840.00	1060.00	152.00	7.26	7.00
质量比	4.80	2.25	2.85	26.50	31.80	3.26	0.22	0.21
C30(材料3)(g)	160.00	75.00	95.00	840.00	1060.00	152.00	7.26	7.00
质量比	4.80	2.25	2.85	26.50	31.80	3.26	0.22	0.21
C30(材料4)/g	160.00	75.00	95.00	840.00	1060.00	152.00	7.26	7.00
质量比	4.80	2.25	2.85	26.50	31.80	3.26	0.22	0.21
C30(材料5)/g	160.00	75.00	95.00	840.00	1060.00	152.00	7.26	7.00
质量比	4.80	2.25	2.85	26.50	31.80	3.26	0.22	0.21

3. 实验仪器

混凝土搅拌机：把水泥、砂石骨料和水混合并拌制成混凝土混合料。

混凝土震动台：混凝土构件振实成型。

胶砂搅拌机：水泥胶砂试件制备时的搅拌。

抗压抗扭测试仪：抗压抗扭强度测试。

以上实验仪器如图4–21所示。

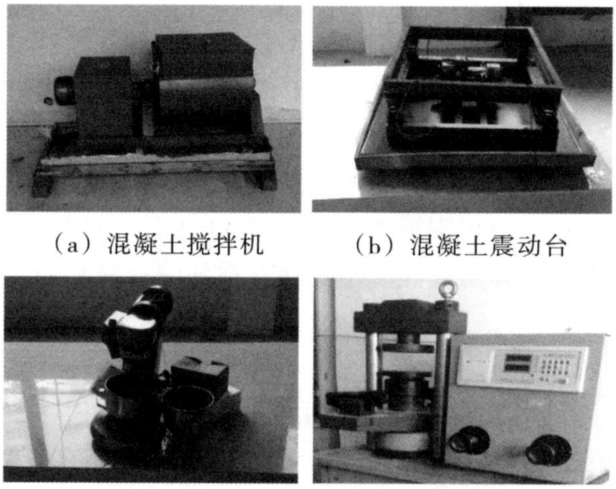

（a）混凝土搅拌机　（b）混凝土震动台

（c）胶砂搅拌机　（d）抗压抗扭测试仪

图4–21　实验过程中使用的部分仪器

4.4.2 实验结果及讨论

试验以C30级混凝土为基准，以混凝土3项工作性能——坍落度、扩展度、和易性为指标。在初次实验过程中试探性掺加适量有机废弃物，各个有机废弃物样品试验结果如表4–16所示。

表4–16 5种鞋材废料对应的混凝土砌块相关性质检测

掺料种类	坍落度	扩展度	和易性	备注	7d强度/MPa	28d强度/MPa
基准	200	420	良好		28.0	38.4
材料1	195	415	良好	加水200mL	24.5	33.2
材料2	175	330	一般	加水900mL	16.4	23.6
材料3	195	365	一般	加水700mL	19.9	29.2
材料4	210	450	良好	—	21.2	30.6
材料5	200	425	良好	加水200mL	23.0	33.5

材料1掺量为7g，需多加水200mL，达到基准C30级混凝土工作性能，28 d混凝土强度为33.2MPa，相对基准混凝土强度–5.2MPa；材料2掺量为7g，加水900mL仍达不到基准C30级混凝土工作性能，28 d混凝土强度为23.6MPa，相对基准混凝土强度–14.8MPa；材料3掺量为7g，需多加水700mL，勉强达到基准C30级混凝土工作性能，28 d混凝土强度为29.2MPa，相对基准混凝土强度–9.2MPa；材料4掺量为7g，混凝土工作性能良好，28 d混凝土强度为30.6MPa，相对基准混凝土强度–7.8MPa；材料5掺量为7g，需多加水200mL，达到基准C30级混凝土工作性能，28 d混凝土强度为33.5MPa，相对基准混凝土强度–4.9MPa。5种鞋材废料的掺入都导致了混凝土砌块强度下降，28 d混凝土强度由高到低依次为：材料5 > 材料1 > 材料4 > 材料3 > 材料2，其中材料2降幅最大，达不到混凝土的工作要求，材料3勉强达到混凝土的工作要求，材料1、材料4、材料5可以达到混凝土的工作要求。混凝土砌块实物如图4–22所示。

另外，我国对各类建筑构件的燃烧性能和耐火极限做出了规定，对于一般的混凝土，根据其截面尺寸大小耐火极限要求为2.5～5.5 h不等，燃烧性能为难燃烧体，但是鞋材废料为有机易燃物，将其制成混凝土砌块存在的耐火极限问题必须加以考虑。

4.4.3 小结

鞋材废料的资源化利用已成为制鞋行业的一个痛点，将其按一定比例掺入制成混凝土砌块是一种资源化利用方法，但是由于鞋材废料本身的易燃性又制约了其添加量，并且由于添加了鞋材废料，混凝土砌块的强度下降，甚至不能满足混凝土砌块性能要求，因此难以进行市场化销售和工程应用，制约了此种资源化途径的发展。

（a）砌块1

（b）砌块2

（c）砌块3

（d）砌块4

（e）砌块5

图4-22　5种鞋材废料生产的混凝土砌块

4.5　生物填料实验研究

本研究探索了鞋材废料的资源化利用途径之一，即将鞋材废料制成生物胶粒填料，研究鞋材废料胶粒填料的污水处理效果。

4.5.1　实验设计

在实验中比较2种不同鞋材废料胶粒对污水处理效果的影响。

（1）比较不同种鞋材废料胶粒填料的污水处理效果，填料选取EVA和橡胶两种；

（2）回流比对污水处理效果的影响；

（3）水力停留时间对污水处理效果的影响。

4.5.2 实验过程

1.实验材料

（1）鞋底废料。本项目所用废鞋材颗粒由惠州市环境科学研究所科研人员从某鞋业制造厂取得，形状不规则，但除裁剪外，未经过其他化学性能的加工。惠州市环境科学研究所科研人员委托相关单位进行破碎而成粒径为3mm左右的颗粒。

（2）污水来源：惠州瑞涛环保科技有限公司污泥脱水废水。

2.实验设备

（1）反应器；

（2）曝气机；

（3）测试设备。

以塑料桶作为反应器，有效容积24L，用塑料网包裹废鞋材颗粒填料并固定好。实验过程中使用的部分仪器如图4-23所示，测试仪器及检测方法如表4-17所示。

（a）pH计

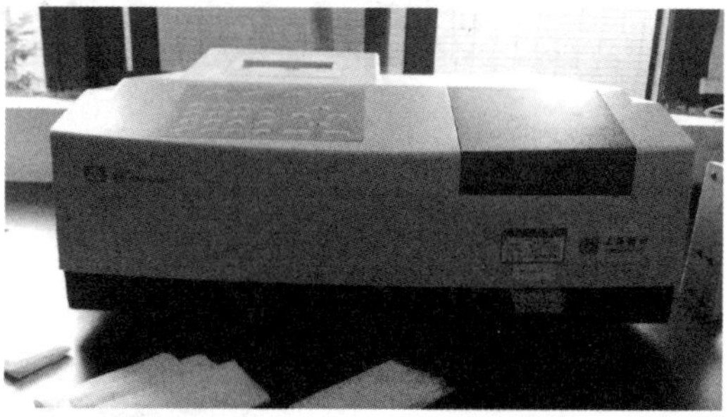

（b）紫外可见分光光度计

（c）高压灭菌锅

（d）DIS-1A型数控多功能消解仪

图4-23　实验过程中使用的部分仪器

表4-17 测试仪器及检测方法

序号	检测项目	标准	方法	所用仪器	备注
1	化学需氧量（COD）	HZ-HJ-SZ-0108	密封催化消解法	DIS-1A型数控多功能消解仪	165℃，22min
2	氨氮（NH_3-N）	HJ 535—2009	纳氏试剂分光光度法	pH计、紫外可见分光光度计	420nm
3	总磷（TP）	GB 11893—89	钼酸铵分光光度法	高压灭菌锅、紫外可见分光光度计	120℃，30min；700nm
4	总氮（TN）	HJ 636—2012	碱性过硫酸钾消解，紫外分光光度法	高压灭菌锅、紫外可见分光光度计	120～124℃,30min;220nm和275nm
5	酸碱度（pH）	——			

3.实验操作

（1）挂膜

以塑料桶作为反应器，有效容积24L，用塑料网包裹胶粒并使其成条状，两端固定在塑料管上。用清水和污泥脱水废水以1∶4的比例配成较低浓度的污泥脱水废水用于驯化污泥，接种污水厂的活性污泥，调节pH值在7左右。初期闷曝24h后，改为曝气3h，静置1h，为一个周期；每天进行6个周期。先出水后进水，每天进水6L；在曝气停止时进水，分两次进水。当反应器COD和NH_3-N去除率达到60%后，逐步调高进水浓度至污泥脱水废水原浓度。

（2）分析不同实验条件对处理效果的影响

试验Ⅰ：胶粒填充率对污水处理效果的影响

试验目的：确定较佳填充率。

试验方法：选取EVA胶粒填充率为20%、40%、60%、80%，分别进行试验。闷曝24h后，改为曝气3h，静置1h，为一个周期；每天进行6个周期。先出水后进水，每天进水共6L，在曝气停止时进水，分两次进水，分别在第一个和第四个周期先出水再进水。运行5天，测定出水pH、COD、NH_3-N、TP、TN。同时原水水质也需要测定pH、COD、NH_3-N、TP、TN。

试验Ⅱ：回流比对污水处理效果的影响

试验目的：确定较佳回流比。

试验方法：填充率为试验Ⅰ中最佳填充率。为试验Ⅰ所述流程，闷曝24h后，改为曝气3h，静置1h，为一个周期；每天进行6个周期。先出水后进水，每天只进水一次，共6L（含回流水）。改变回流比，使回流比分别为0、50%、100%、150%，运行5 d，测定出水pH、COD、NH_3-N、TP、TN。同时原水水质也需要测定pH、COD、NH_3-N、TP、TN。

试验Ⅲ：水力停留时间对污水处理效果的影响

试验目的：确定较佳水力停留时间。

试验方法：回流比为试验Ⅲ中最佳回流比。为试验Ⅰ所述流程，闷曝24h后，改为曝气3h，静置1h，为一个周期；每天进行6个周期。进水6L使水力停留时间分别为4d、3d、2d、1d，每天测定出水pH、COD、NH_3-N、TP、TN。同时原水水质也需要测定pH、COD、NH_3-N、TP、TN。

4.5.3 实验结果及评价

1.EVA填充率对污水处理效果的影响

实验结果见表4-18。

表4-18 EVA填充率实验结果

填充率		20%	40%	60%	80%
进水	pH值	6.02	5.88	5.69	5.85
	COD/($mg \cdot L^{-1}$)	1082.16	2572.49	2128.96	2341.79
	NH_3-N/($mg \cdot L^{-1}$)	124.32	197.98	194.59	197.85
	TP/($mg \cdot L^{-1}$)	12.41	15.67	16.08	13.15
	TN/($mg \cdot L^{-1}$)	135.62	198.17	196.52	189.88
出水	pH值	6.96	6.95	6.98	6.79
	COD/($mg \cdot L^{-1}$)	166.46	601.85	694.62	970.78
	COD去除率/%	84.62	76.6	67.37	58.55
	NH3-N/($mg \cdot L^{-1}$)	16.59	74.78	76.95	76.89
	NH_3-N去除率/%	86.66	62.23	60.46	61.14
	TP/($mg \cdot L^{-1}$)	4.73	7.49	6.91	6.73
	TP去除率/%	61.89	52.2	57.03	48.82
	TN/($mg \cdot L^{-1}$)	68.99	106.47	117.96	109.66
	TN去除率/%	49.13	46.27	39.98	42.25

由表4-18可知，20%的EVA填充率，污水处理效果最好。

2. 回流比对污水处理效果的影响

根据试验Ⅰ结果，EVA及橡胶均选取20%填充率进行试验Ⅱ，结果见表4-19、表4-20。

由表4-19可知，用EVA实验，回流比为50%时，TP去除率达到最大，而COD、NH_3-N、TN则回流比为150%时去除率达到最大；由表4-20可知，用橡胶实验，回流比为150%时污染物去除率均达到最大。

3. 水力停留时间对污水处理效果的影响

根据试验Ⅰ及试验Ⅱ结果，EVA及橡胶均选取20%填充率、回流比150%进行试验Ⅲ，结果见表4-21、表4-22。

由表4-20可知，用EVA实验，水力停留时间为5d，污染物去除率均达到最大；由表4-22可知，用橡胶实验，水力停留时间为4d时，TP去除率达到最大，其余COD、NH_3-N、TN水力停留时间为5d时去除率达到最大。

由表4-19、表4-20可知，用橡胶实验COD、NH_3-N去除效果略优于EVA，TP、TN去除效果略劣于EVA，用橡胶及EVA实验，COD及NH_3-N去除率均超过80%，远高于TP及TN。

表4-19　EVA回流比实验结果

回流比	进水					出水								
	pH值	COD/($mg\cdot L^{-1}$)	NH_3-N/($mg\cdot L^{-1}$)	TP/($mg\cdot L^{-1}$)	TN/($mg\cdot L^{-1}$)	pH值	COD/($mg\cdot L^{-1}$)	COD去除率/%	NH_3-N/($mg\cdot L^{-1}$)	NH_3-N去除率/%	TP/($mg\cdot L^{-1}$)	TP去除率/%	TN/($mg\cdot L^{-1}$)	TN去除率/%
0%	6.84	1046.25	91.06	15.25	153.92	5.87	164.91	84.24	21.08	76.85	6.64	56.46	81.83	46.84
50%	6.80	789.91	69.81	16.77	137.54	5.79	126.87	83.94	11.71	83.23	6.39	61.90	58.66	57.35
100%	6.77	686.49	59.75	15.65	129.83	5.62	100.65	85.34	6.95	88.37	6.44	58.85	47.38	63.51
150%	6.87	571.45	52.69	15.98	122.46	5.66	78.32	86.29	5.44	89.68	6.87	57.01	35.26	71.21

表4-20　橡胶回流比实验结果

回流比	进水					出水								
	pH值	COD/($mg\cdot L^{-1}$)	NH_3-N/($mg\cdot L^{-1}$)	TP/($mg\cdot L^{-1}$)	TN/($mg\cdot L^{-1}$)	pH值	COD/($mg\cdot L^{-1}$)	COD去除率/%	NH_3-N/($mg\cdot L^{-1}$)	NH_3-N去除率/%	TP/($mg\cdot L^{-1}$)	TP去除率/%	TN/($mg\cdot L^{-1}$)	TN去除率/%
0%	6.23	839.62	87.51	18.11	181.24	6.13	171.42	79.58	14.31	83.65	6.16	65.99	93.47	48.43
50%	6.35	752.24	61.83	17.87	179.41	6.2	131.88	82.47	8.07	86.95	5.98	66.54	78.56	56.21
100%	6.49	798.96	49.77	17.71	187.96	6.18	107.49	86.55	4.16	91.64	6.23	64.82	71.3	62.07
150%	6.25	795.31	45.92	18.02	188.01	6.19	87.55	88.99	3.31	92.79	5.75	68.09	65.53	65.15

表4-21　EVA水力停留时间实验结果

水力停留时间	进水					出水								
	pH值	COD/($mg\cdot L^{-1}$)	NH_3-N/($mg\cdot L^{-1}$)	TP/($mg\cdot L^{-1}$)	TN/($mg\cdot L^{-1}$)	pH值	COD/($mg\cdot L^{-1}$)	COD去除率/%	NH_3-N/($mg\cdot L^{-1}$)	NH_3-N去除率/%	TP/($mg\cdot L^{-1}$)	TP去除率/%	TN/($mg\cdot L^{-1}$)	TN去除率/%
2d	5.24	751.81	205.77	19.91	263.35	5.54	245.24	67.38	129.34	37.14	8.44	57.61	202.63	23.06
3d	5.14	743.69	158.38	18.22	234.6	5.62	195.88	73.66	75.48	52.34	7.95	56.37	154.87	33.99
4d	5.21	755.46	125.86	18.21	215.64	5.92	169.32	77.59	24.86	80.25	7.36	59.58	92.53	57.09
5d	5.11	749.99	114.63	19.93	204.62	5.83	140.28	81.30	16.97	85.20	6.82	65.78	71.07	65.27

表 4-22　橡胶水力停留时间实验结果

水力停留时间	进水					出水								
	pH值	COD/(mg·L^{-1})	NH_3-N/(mg·L^{-1})	TP/(mg·L^{-1})	TN/(mg·L^{-1})	pH值	COD/(mg·L^{-1})	COD去除率/%	NH_3-N/(mg·L^{-1})	NH_3-N去除率/%	TP/(mg·L^{-1})	TP去除率/%	TN/(mg·L^{-1})	TN去除率/%
2d	5.63	783.15	206.43	16.55	262.75	6.38	234.01	70.12	130.78	36.65	9.13	44.83	197.63	24.78
3d	5.65	799.59	160.85	15.51	234.51	6.28	189.21	76.34	68.46	57.44	9.58	38.23	157.88	32.68
4d	5.42	799.53	134.12	17.40	214.94	6.17	144.85	81.88	23.02	82.84	6.15	64.66	113.49	47.20
5d	5.31	794.25	116.81	16.21	210.32	6.25	133.46	83.20	15.69	86.57	6.71	58.61	92.64	55.95

4.5.4　实验小结

对本实验过程以及结果进行分析，可得出以下结论：

（1）用EVA及橡胶制成生物胶粒填料，均具有一定的污水处理效果。

（2）20%EVA的填充率的污水处理效果最好。

（3）用EVA实验，回流比为50%时，TP去除率达到最大，而COD、NH_3-N、TN则回流比为150%时去除率达到最大；用橡胶实验，回流比为150%时污染物去除率均达到最大。

（4）用EVA实验，水力停留时间为5d，污染物去除率均达到最大；用橡胶实验，水力停留时间为4d时，TP去除率达到最大，COD、NH_3-N、TN水力停留时间为5d时去除率达到最大。

（5）用橡胶实验，COD、NH_3-N去除效果略优于EVA，TP、TN去除效果略劣于EVA。

（6）用橡胶及EVA实验，COD及NH_3-N去除率均超过80%，远高于TP及TN。

因此，将鞋材废料制成生物胶粒填料用于污水处理具有一定的可行性，可作为鞋材废料资源化利用途径之一。

4.6　鞋材边角料其他资源化利用途径

4.6.1　生活垃圾掺鞋材边角料燃烧发电

鞋材边角料作为可燃固体废物，其化学成分都是碳氢氧化合物，燃烧会释放大量的热量，可供发电使用。这样既可以解决鞋材边角料引发的环境问题，又可提供能源。生活垃圾掺鞋材边角料燃烧发电是目前鞋材废物处理的主流方向。

现代的垃圾焚烧炉配有良好的烟尘净化装置，从实现垃圾处理“无害化、减量化、资源化”入手，构建占用土地面积小、资源化水平高，达到变废为宝的根本要求的现代化垃圾处理资源利用系统，不仅能充分节约土地资源，而且可保障周围环境良好。实现资源循环利用最大化，对减轻大气的污染具有举足轻重的地位。

焚烧技术的主要特点：

（1）无害化彻底。高温燃烧可使垃圾中有害物得到完全分解；完善可靠的烟气净化系统可以将烟气中污染物的含量处理到环保部门要求的范围内。

（2）减容、减量效果好。焚烧可使垃圾体积减小 80%～90%；重量减少约 70%。

（3）有利于资源再利用。燃烧产生的热量可用于发电或供热；

（4）技术比较成熟。焚烧过程采用 DCS 控制，可保证燃烧过程处于最佳工况，同时通过采取有效的污染防治措施，二次污染小。

（5）综合效果好。由于污染低、占地面积小，可靠近城市建厂，既节约用地，又减少运输成本；同时选址相对容易。

因此，在具备经济条件、垃圾热值条件和缺乏卫生填埋场地资源的地区，垃圾焚烧处理技术得到了迅速发展。

4.6.1.1　鞋材边角料热值分析

鞋材边角料（废塑料、废橡胶）与其他可燃固体废物的化学成分与工业分析（质量分数）见表 4–23。比较发现，废塑料和废橡胶的碳质量分数均比较高，废塑料的氢质量分数最高，其他几种固体废物的氢质量分数为 6% 左右；废塑料氧质量分数较低，废橡胶氧质量分数最低。图 4–24、表 4–24 分别为不同种类城市可燃固体废物的高发热值和燃烧特性参数。

从图 4–24、表 4–23、表 4–24 可看出，对比其他固体废物，鞋材边角料（废塑料、废橡胶）发热值高、着火点较高，表明鞋材边角料具有较高的热值，但氯和硫质量分数也较高。

表 4–23　废塑料、废塑胶与不同城市可燃固体废物的化学成分与工业分析（质量分数/%）

种类	名称	化学成分						工业分析			
		C	H	O	N	S	Cl	水分	挥发分	固定碳	灰分
废有机制品	废塑料	72.11	11.46	10.41	0.20	0.66	0.44	0.97	98.56	—	0.48
	废橡胶	77.22	6.72	1.08	0.66	1.34	—	0.21	62.29	32.90	3.89
	废布料	55.00	6.60	31.20	4.60	0.15	0.37	8.73	81.09	7.05	3.13
废木制品	废家具	49.50	6.00	47.50	0.50	—	—	11.93	55.82	29.63	2.61
	废纸张	43.50	6.00	44.00	0.30	0.20	0.36	6.10	78.12	14.35	1.43
餐厨固体废物		49.00	7.86	38.98	1.85	1.56	—	2.85	84.84	4.63	7.68

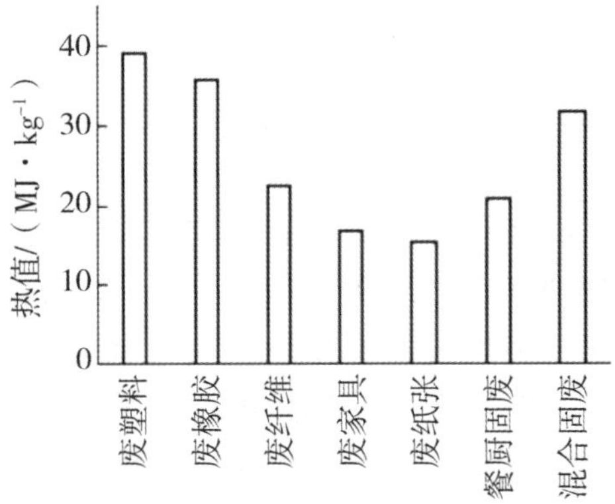

图4–24　不同种类城市可燃固体废物的高发热值

表4–24　不同种类城市可燃固体废物的燃烧特性参数　　单位：℃

名称	着火点	燃烧物料消耗最快温度	燃尽温度	起燃点与燃尽点温度差
废家具	532	645	785	253
餐厨固体废物	509	570	845	336
废纤维	574	655	802	228
废塑料	650	711	790	140
废轮胎	624	825	1058	434
煤粉	741	1030	> 1073	> 323

根据惠东县环卫部门对工业垃圾取样分析，6个街镇生活垃圾的低位热值为15 384～17 101.8kJ/kg，橡胶工业垃圾占比约1.94%。对比广东省内其他生活垃圾焚烧电厂的生活垃圾组成及热值分析资料（表4–25）可知，该区域的生活垃圾因橡胶工业垃圾的混入导致硫、氯含量及热值偏高。

表4–25　广东省典型生活垃圾主要特性分析

城市	原生垃圾低位热值/（$kJ \cdot kg^{-1}$）	入炉设计值/（$kJ \cdot kg^{-1}$）	主要组成成分	原生垃圾含硫量/%	原生垃圾含氯量/%	原生垃圾灰分/%
惠阳	4892.87	6600	布3.34%，塑料15.81%，草木10.80%，纸15.56%，无橡胶	0.13	0.318	21.8
博罗	5277.65	6800	塑料12.77%，橡胶0.14%，布1.88%，纸13.15%，草木12.26%	0.19	0.30	15.89
东莞	5617	6800	布17.09%，塑料14.62%，橡胶0.49%，纸17.09%，草木6.31%	0.313	0.313	26.29

（续上表）

城市	原生垃圾低位热值/（kJ·kg⁻¹）	入炉设计值/（kJ·kg⁻¹）	主要组成成分	原生垃圾含硫量/%	原生垃圾含氯量/%	原生垃圾灰分/%
汕尾	5242.8	6800	塑料12.56%，纸15.14%，草木2.15%，布0.66%，无橡胶	0.08	0.11	24.13
广州	5700	7000	/	/	/	/
惠东	6400	7800	布14.17%，塑料18.86%，橡胶1.94%，纸17.59%，草木5.05%	0.30	0.32	16.12

4.6.1.2　垃圾焚烧系统

惠东县某生活垃圾焚烧发电项目于2018年1月开始试运行，目前已完成一、二期建设并运行，如4–25所示。垃圾日处理量为1200 t（入炉量），主要承接处理辖区产生的生活垃圾和工业垃圾。该项目环境影响报告书介绍，吉隆镇和黄埠镇存在大量包装、制鞋及配套工业企业，产生的工业垃圾与生活垃圾未能做到100%的分开收集和处置，两镇的橡胶垃圾占生活垃圾组分的4.37%～6.91%。

图4–25　生活垃圾焚烧厂

针对该区域生活垃圾热值高、硫和氯的含量高、物理成分复杂、含有腐败性有机物及有害物质的特性，惠东县某垃圾焚烧厂采用自主研发的多级往复顺推+翻动炉排炉，并对垃圾在炉内的停留时间、燃烧温度、烟气在炉内的停留时间及紊流进行控制，从而达到完全燃烧、控制恶臭及抑制二噁英的产生。

1. 工艺条件

（1）烟气在850℃的滞留时间不得小于2 s；

（2）炉渣中有机物（未燃分）不得大于3%；

（3）焚烧炉负压操作，一般为–50～–30Pa；

（4）采用高温区炉墙风冷的措施，避免一些低熔点的物质在高温下熔融并黏结在高温段的炉墙上，引起炉墙腐蚀分层剥落，亦可以使高温区炉墙散热损失减少并可作为补充燃烧空气。

2. 硬件条件

焚烧炉内墙采用耐高温、耐磨损、耐腐蚀的材料制作，一般为炉排周围采用极耐磨的碳化硅材料，其他部位采用黏土耐火砖。

该焚烧炉的性能和成本方面均优于进口设备，其技术优势有：

（1）特别适合处理中国高水分、高灰分、低热值的生活垃圾；

（2）模块化设计，便于运输，缩短安装周期，保证现场安装质量；

（3）配备先进的自动燃烧控制系统，保证最高的燃烧效率和炉渣热灼减率在允许范围内；

（4）炉排耐用性好，炉排片年更换率≤5%；

（5）有翻动炉排，燃烧效果好，垃圾燃尽率高，同区域单位垃圾发电量最高，炉渣热灼减率≤3%；

（6）设备运行可靠、稳定，年运行时间≥8000h。

（7）满足城市未来发展空间，设备热值适用范围广，为4500～9200kJ/kg；

该垃圾焚烧厂与惠州其他区县垃圾焚烧厂焚烧炉性能参数对比见表4–26。

表4–26　三县区焚烧炉性能参数对比一览表

序号	性能参数名称	单位	惠东	博罗	惠阳
1	焚烧炉单台处理量	t/h	25	14.58	16.7
2	焚烧炉超负荷运行时的处理量	t/h	27.5	16.04	18.3
3	不添加辅助燃料能使垃圾稳定燃烧的最低低位热值	kJ/kg	5500	4300	4200
4	最高热值	kJ/kg	10 100	8000	7500
5	焚烧炉年正常工作时间	h	8000	8000	8000
6	垃圾在焚烧炉中的停留时间	h	1.5～2.5	～2	> 2
7	烟气在燃烧室中的停留时间	s	≥2	> 2	2
8	燃烧室烟气温度	℃	>850	980	850～900
9	助燃空气过剩系数	/	1.8	1.8	2.1
10	燃烧室出口烟气中CO浓度	mg/Nm^3	≤50	20	≤50
11	焚烧炉渣热灼减率	%	< 3	< 3	< 3

根据参数对比可知，惠东县某生活垃圾焚烧厂焚烧炉的最高热值较常规焚烧炉最高热值高，可满足掺入鞋材的高热值生活垃圾焚烧的要求。

4.6.1.3　烟气净化系统

由于鞋材边角料等橡胶的占比较高，导致生活垃圾的含硫量和含氯量偏高，在焚烧过程产生的烟气中，酸性气体、二噁英污染物产生量较大。根据《环境工程技术手册 固体废物处理》（化学工业出版社），该垃圾焚烧厂采用“SNCR + 半干法 + 干法 + 活性炭吸附 + 布袋除尘”组合方案，其中的SNCR炉内脱氮系统位于焚烧炉内。与惠州市其他生活垃圾焚烧发电厂废气治理措施一致。

表4–27　烟气中污染物去除方式

污染物种类	去除方式
氮氧化物	温度控制、选择性非催化还原法（SNCR）
烟尘	布袋除尘器
酸性气体	浆状石灰半干法脱除、石灰粉干法脱除、布袋除尘器
重金属	布袋除尘器、活性炭吸附
二噁英类	温度控制、袋式除尘器、活性炭吸附

为了满足电厂运行过程对烟气中污染物排放监督管理的需要，确保电厂污染物达标排放，电厂安装烟气排放连续监测装置，监测项目有SO_2、NO_x、HCl、CO、CO_2、O_2、烟气流量、烟气温度等。同时在烟道上设置永久采样孔，便于取样与环保监测。烟气中污染去除方式如表4–27所示。

统计惠州地区同类型垃圾焚烧发电厂近年的废气监测数据（表4–28）可得，在采用相同的治理措施后，燃烧废气中NO_X、SO_2、HCL、颗粒物、CO、Hg、Cd、Pb和二噁英等污染因子排放浓度均达到《GB 18485—2014 生活垃圾焚烧污染控制标准》的要求，说明项目采取的废气治理措施对于处理酸性气体、二噁英污染物产生量较大的焚烧废气技术上可行。

表4–28　三县区焚烧炉废气历次检测结果对比　　单位：mg/m^3

项目	惠东	博罗	惠阳	标准
颗粒物	8.6	4.63	4.08	20
SO_2	2.26	15	6.64	80
NO_X	124.77	113.47	101.31	250
CO	2.99	1.34	12.59	80
HCl	3.90	4.93	9.28	50
Hg	0.021	0.00349	0.00081	0.05
Cd	0.0007	0.0000224	0.00029	0.1
Pb	0.43	0.3	0.0098	1
二噁英	0.0013～0.0047	0.002～0.0127	0.0195～0.0725	0.1

4.6.1.4　大气污染防治措施经济可行性分析

惠东县某生活垃圾焚烧发电厂工程布袋除尘器滤料采用PTFE+PTFE覆膜，一次投资约1176万元，除尘布袋更换费287万元/年，烟气处理系统折旧及维修费用约290万元/年，除臭设备定期喷洒药物所需费用约5万元/年，故该厂大气污染治理措施年运行费用585万元左右，占焚烧发电年收益的5.83%。相对工程的社会效益和环境效益而言，大气污染治理措施投资在可以接受的范围内，治理措施从经济和技术上均可行。

客观地说，随着焚烧技术的成熟完善，垃圾焚烧厂在政府主导、有实力企业运行、全民监管的情况下，利用鞋业边角料焚烧发电，在鞋材废料的减量化、无害化方面起到了很大的作用，最后排向环境的污染物也大大减少。在鞋材废料进行资源化利用的规划工业园区未建成前，生活垃圾掺鞋材边角料焚烧发电或许是绝大多数不可资源化利用的鞋材废料最好的出路。

4.6.2 水泥窑协同处置

鞋材边角料的可燃、高热值特性，亦可燃烧转化为热量供工业使用，既解决其引发的环境问题，又可以为工业发展提供能源。因此，近年来工业炉窑协同处理固体废物成为一个比较热门的研究方向。

鞋材边角料（废塑料、废橡胶）与煤粉的化学成分与工业分析见表4–29。比较发现，废塑料和废橡胶的碳质量分数与煤粉接近，废塑料的氢、氧质量分数较高。

表4–29 废塑料、废塑胶与煤粉的化学成分与工业分析（质量分数/%）

种类	名称	化学成分						工业分析			
		C	H	O	N	S	Cl	水分	挥发分	固定碳	灰分
废有机制品	废塑料	72.11	11.46	10.41	0.20	0.66	0.44	0.97	98.56	—	0.48
	废橡胶	77.22	6.72	1.08	0.66	1.34	—	0.21	62.29	32.90	3.89
煤粉		80.60	4.40	5.40	1.70	0.50	0.05	4.13	11.91	68.01	15.96

与煤粉相比，废塑料和废橡胶的热值较高，且废橡胶挥发分的析出、燃烧非常迅速，具有较好的可燃性，因而可用它们替代部分煤粉作为燃料参与水泥的制造，减少资源的消耗。

水泥窑协同处置是水泥工业提出的一种新的鞋材边角料处置手段。它是指将满足或经过预处理后满足入窑要求的鞋材边角料投入水泥窑，在进行水泥熟料生产的同时实现对鞋材边角料的无害化处置。其处置优势体现在以下几个方面：

水泥窑内物料温度高达1300～1450℃，气体温度高达1700～2000℃，物料从窑尾到窑头的停留时间约为55min，气体保持在850℃以上的时间大于3 s，在高于1250 ℃以上的保持时间大于10 s，利于鞋材边角料燃烧，有毒有害成分在高温下可彻底分解。

煅烧系统中气体流速较大、气流湍流强度较大，利于鞋材边角料分散，保证鞋材边角料与高温烟气充分接触，使其处于高温流态化燃烧，这有利于鞋材边角料燃烧分解，减少或避免了有毒气体的产生。

水泥熟料生产过程中的中间产物CaO以悬浮状态均匀分布在煅烧系统中，其颗粒分布细、浓度高，极具吸附性，在煅烧系统内形成碱性固相氛围，可将SO_2、Cl^-等化学成分合成盐类固定，有效地抑制酸性物质排放，减少或避免了二噁英的产生。同时可将鞋材边角料中重金属离子固化在熟料矿物相晶格中。

由于系统为负压运行，烟气及粉尘几乎无外漏问题，同时，焚烧过程不产生废渣。

综上所述，水泥回转窑焚烧法工艺及装备具有明显先进性，在处理鞋材边角料过程中能有效避免对周边环境造成二次污染，是实现固体废物"减量化、无害化、资源化"的有效途径，具有重要的现实意义及良好的环境效益。

贵州某水泥厂设置两条4500t/d的新型干法水泥窑生产线，水泥熟料生产规模为2×4500t/d，水泥生产规模为2×220万t/a，其中一条4500t/d水泥生产线及协同处置城市垃圾处理项目（城市生活垃圾处理规模为200t/d）于2013年11月通过竣工环境保护验收，水泥窑协同处置生产线如图4-26所示。其生活垃圾成分包括废物、制鞋边角料、废纸、废塑料及其他固体废物。

根据监测，水泥窑在协同处理生活垃圾前后，其窑尾排气筒中NO_x的排放情况变化不大，在处理生活垃圾后窑尾排气筒中烟尘及SO_2的排放浓度有较大幅度的下降，同时窑尾烟气中Cd、Hg、Co、Tl、V、As和Ni等重金属均未检出。生活垃圾在焚烧过程中含氯高分子化合物（如聚氯乙烯、氯代苯、五氯苯酚等）在适宜的温度并在氯化铁、氯化铜催化作用下，与O_2、HCl反应，通过重排、自由基缩合、脱氯等过程生成二噁英类物质，在协同处理生活垃圾后，水泥窑窑尾烟气中二噁英的排放浓度在0.002～0.021ngTEQ/m^3[①]之间，平均值为0.0076ngTEQ/m^3，满足《GB 30485—2013水泥窑协同处置固体废物污染控制标准》的要求。

惠州市某水泥厂拟利用现有的2500t/d熟料水泥生产线开展一般固体废物的综合利用和处置业务，设计处理规模为450t/d（135 000t/a），包括250t/d污泥（市政污泥和工业污泥）、200t/d其他一般固体废物（包括100t/d鞋材边角料）。该企业位于惠州市博罗县公庄镇，距离惠东黄埠镇、吉隆镇不超过200km。结合国内同类型项目实际运行情况及监测结果分析，利用水泥窑处理含鞋材边角料的生活垃圾，对水泥窑窑尾烟气中污染物的排放情况影响不大，该鞋材边角料处置方式可行，惠东鞋材边角料有可靠的处置去向。

水泥窑协同处置鞋材边角料能够将废物再次用于工业生产中，既充分利用资源，又能减少对环境的污染；满足区域经济的协调发展，及时、高效、清洁地为其他企业做好服务保障，实现鞋材边角料"无害化、减量化、资源化"的处置要求，减轻惠州市鞋材边角料处理负荷和处置风险，对促进惠州市经济的可持续发展、生态环境的良性循环具有重要作用。这是积极响应国家发展循环经济的政策的举措，对惠州市的经济发展有一定的积极影响。

注：①TEQ（toxic equivalent quangtity)为国际毒性当量。

图4-26　水泥窑协同处置生产线

4.6.3　鞋材废料生产再生塑料粒

4.6.3.1　项目基本概况

福建泉州某公司利用鞋材废料年生产3万t再生塑料粒项目总投资500万元，厂房建筑面积5100平方米；共8条破碎生产线、10条造粒生产线，年生产EVA塑料再生颗粒3万t。EVA废塑料主要来源于晋江鞋材企业的EVA鞋材边角料。其产品及生产线如图4-27所示。EVA再生颗粒出售给铝塑板厂，作为铝塑板塑料芯层的原材料，再生塑料不与人体直接接触。

（a）原辅材料　（b）产品

（c）破碎机　（d）造粒机

图4-27　再生塑料粒产品及生产线

工艺流程为：将鞋材废塑料通过破碎机破碎成塑料碎块，然后加入熔融挤出机，通过螺杆的旋转和机筒外壁加热使塑料成为熔融状态（280℃），通过过滤网过滤，经螺杆向前推进挤出成条状，挤出后的条状塑料进入冷却水槽冷却，冷却后的料条进入切粒机切成长度2～4mm的圆柱状EVA塑料颗粒。

4.6.3.2　EVA鞋材废料回收利用研究

EVA鞋底所用的材料为乙烯/醋酸乙烯酯共聚物（也称乙烯-乙酸乙烯共聚物），是由乙烯（E）和乙酸乙烯（VA）共聚而制得，含量在5%～40%。与聚乙烯相比，EVA由于在分子链中引入了醋酸乙烯单体，从而降低了高结晶度，提高了柔韧性、抗冲击性、填料相容性和热密封性能，被广泛应用于发泡鞋料、功能性棚膜、包装膜、热熔胶、电线电缆及玩具等领域。而应用EVA的同时也产生了大量的EVA废料，EVA的回收与利用成为必须要考虑的问题。

EVA鞋材废料本身是一种不可降解的材料，随意丢弃对环境会造成一定的污染。如果通过对EVA材料进行回收再生产，不仅可以更好地发挥出这种原材料的价值，产生一定的经济效益，也能大大降低EVA鞋材废料的处理成本。

在回收的这一方面，由于EVA废料具有一定的再利用价值，所以有一些回收利用厂会回收EVA废料进行再利用。EVA类的可回收鞋底废料，也已经有了比较成熟的回收路线；于废料回收厂中粉碎成大颗粒状废料，用双螺杆挤出机拉丝切碎，造粒成小颗粒废料，再塑再生。EVA颗粒可以生产各类EVA板材，然后板材再经过相应的加工，如冲型，就可以作为包装内衬，热压可以做成鞋底。

本研究实例中泉州某公司年产3万t塑料粒子项目将EVA鞋材废料破碎、熔融、挤出成型后作为再生颗粒，经实践证明在工艺上和经济上都是可行的。因此制鞋产业也对EVA鞋材废料有了比较成熟的回收路线，其路线如图4-28所示。

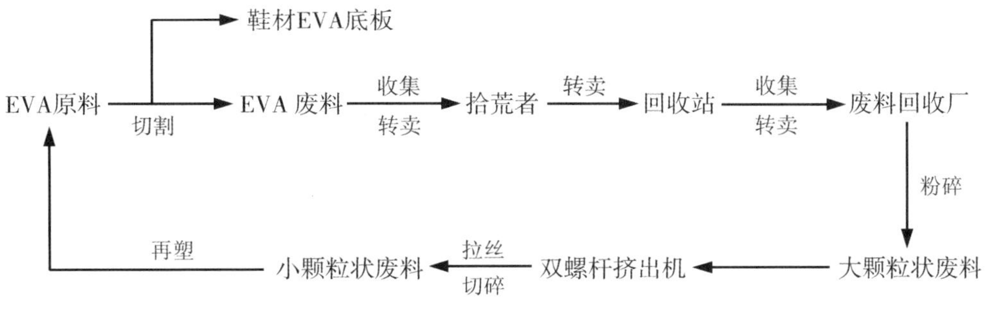

图4-28　EVA鞋材废料处理路线

4.6.3.3　EVA鞋材废料回收利用相关规定

EVA鞋材废料属于塑料材料，根据《HJ/T 364—2007废塑料回收与再生利用污染控制技术规范（试行）》及环境保护部、发展改革委、商务部发布的《废塑料加工利用污染防治管理规定》，EVA鞋材废料在回收、运输、贮存、生产过程中应符合相关要求：

（1）废塑料的回收应按原料树脂种类进行分类回收，并严格区分废塑料来源和原用途；不得回收和再生利用属于医疗废物和危险废物的废塑料；废塑料的回收过程中不得进行就地清洗，如需进行减容破碎处理，应使用干法破碎技术，并配备相应的防尘、防噪声设备；废塑料的回收中转或贮存场所（企业）必须经过当地人民政府环境保护行政主管部门的环保审批，并有相应的污染防治设施和设备；废塑料的回收过程中应避免遗洒。

（2）废塑料运输前应进行包装，或用封闭的交通工具运输，不得裸露运输废塑料；废塑料的包装应在通过环保审批的回收中转场所内进行；废塑料包装物应防水、耐压、遮蔽性好，可重复使用；包装物表面必须有回收标志和废塑料种类标志；不得超高、超宽、超载运输废塑料。宜采用密闭集装箱或带有压缩装置的箱式货车运输；包装物表面的回收标志和废塑料种类标志应清晰、易于识别、不易擦掉，并应标明废塑料的来源、原用途和去向等信息。

（3）贮存场所必须为封闭或半封闭设施，应有防雨、防晒、防渗、防尘、防扬散和防火措施；不同种类的废塑料应分开存放。

（4）废塑料预处理工艺应当遵循先进、稳定、无二次污染的原则。应采用节水、节能、高效、低污染的技术和设备；宜采用机械化和自动化作业，减少手工操作；废塑料的分选宜采用浮选和光学分选等先进技术；人工分选应采取措施确保操作人员的健康和安全；废塑料的清洗方法可分为物理清洗和化学清洗，应根据废塑料来源和污染情况选择清洗工艺；宜采用节水的机械清洗技术；化学清洗不得使用有毒有害的化学清洗剂，宜采用无磷清洗剂；废塑料的干燥方法可分为人工干燥和自然干燥。人工干燥宜采用节能、高效的干燥技术，如冷凝干燥、真空干燥等；自然干燥的场所应采取防风措施。废塑料的破碎应使用干法破碎技术，并配备相应的防治粉尘和噪声污染的设备。

（5）废塑料应按照直接再生、改性再生、能量回收的优先顺序进行再生利用；宜开发和应用针对热固性塑料、混合废塑料和质量降低的废塑料的新型环保再生利用技术；含卤素的废塑料宜采用低温工艺再生，不宜焚烧处理；进行焚烧处理时应配备烟气处理设备；不宜以废塑料为原料炼油。

（6）废塑料预处理、再生利用等过程中产生的废水和厂区产生的生活废水，企业应有配套的废水收集设施。废水宜在厂区内处理并循环利用；处理后的废水排放应按企业所在环境功能区类别执行《GB 8978—1996 污水综合排放标准》；重点控制的污染物指标包括COD、BOD_5、SS、pH、TN、NH_3-N、TP、色度、油类、可吸附有机卤化物、粪大肠杆菌群数。并入市政污水管网集中处理的废水应符合《CJ 3082 污水排入城市下水道水质标准》要求。

（7）预处理、再生利用过程中产生的废气，企业应有集气装置收集，经净化处理的废气应按企业所在环境功能区类别排放，应执行《GB16297—1996 大气污染物综合排放标准》和《GB 14554—93恶臭污染物排放标准》；重点控制的污染物包括颗粒物、氟化物、汞、铬、铅、苯、甲苯、酚类、苯胺类、光气、恶臭。

（8）禁止在居民区加工利用废塑料。禁止利用废塑料生产厚度小于0.025mm的超薄塑料购物袋和厚度小于0.015mm超薄塑料袋。禁止利用废塑料生产食品用塑料袋。禁止无危险废物经营许可证从事废塑料类危险废物的回收利用活动，包括被危险化学品、农药等污染的废弃塑料包装物，废弃的一次性医疗用塑料制品（如输液器、血袋）等。无符合环保要求污水治理设施的，禁止从事废编织袋造粒、缸脚料淘洗、废塑料退镀（涂）、盐卤分拣等加工活动。

（9）废塑料加工利用单位应当以环境无害化方式处理废塑料加工利用过程产生的残余垃圾、滤网；禁止交由不符合环保要求的单位或个人处置。禁止露天焚烧废塑料及加工利用过程产生的残余垃圾、滤网。

4.7　小结

鞋材废料种类众多、成分各异。国内外对各种成分废料回收利用的方法都有大量的研究和应用。鞋材废料的资源化利用要了解其数量、组成和性质，涉及规模效益，处理技术的选择及防止二次污染等问题。根据目前鞋材废料回收利用研究进展，本课题组选择了几种利用价值较高的鞋材废料进行实验研究。研究表明，鞋材废料用于制造衍生燃料，生产混凝土砌块、塑胶跑道和制作生物填料，以及其他热化学利用。在技术上具有一定的可行性；同时课题组也收集了目前国内鞋材边角料的主要处置方式及实例厂家的运营情况，为快速、高效、资源化利用鞋材边角料提供了实际案例和成功经验。在实际利用过程中，应该根据惠东县的实际情况，考虑包括鞋材废料的收集储运、掺加配比、与其他物料混合的可能性等问题，在降低污染，保护环境的同时，考虑经济和环境的平衡性，寻求最合适可行的资源化利用途径。

第5章　鞋材废料环境管理要求及现状

5.1　鞋材废料属性及环境管理要求

制鞋企业在生产鞋的过程中产生的边角废料（不包含胶黏剂等盛装器具），不属于生活垃圾、放射性固体废物，根据《国家危险废物名录》（2016版），也不属于危险废物，而是属于一般工业固体废物。

5.1.1　相关环保法律法规的要求

5.1.1.1《中华人民共和国环境保护法》的要求

在《中华人民共和国环境保护法》（自2015年1月1日起施行）中，与鞋材废料处理处置有关的法律要求有：

第八条　各级人民政府应当加大保护和改善环境、防治污染和其他公害的财政投入，提高财政资金的使用效益。

第十条　国务院环境保护主管部门，对全国环境保护工作实施统一监督管理；县级以上地方人民政府环境保护主管部门，对本行政区域环境保护工作实施统一监督管理。

县级以上人民政府有关部门和军队环境保护部门，依照有关法律的规定对资源保护和污染防治等环境保护工作实施监督管理。

第四十二条　排放污染物的企业事业单位和其他生产经营者，应当采取措施，防治在生产建设或者其他活动中产生的废气、废水、废渣、医疗废物、粉尘、恶臭气体、放射性物质以及噪声、振动、光辐射、电磁辐射等对环境的污染和危害。

排放污染物的企业事业单位，应当建立环境保护责任制度，明确单位负责人和相关人员的责任。

第五十一条　各级人民政府应当统筹城乡建设污水处理设施及配套管网，固体废物的收集、运输和处置等环境卫生设施，危险废物集中处置设施、场所以及其他环境保护公共设施，并保障其正常运行，明确相关人员的责任。

由上面条款综合可知制鞋企业、各级人民政府以及县级以上环保行政主管部门分别负有以下法律责任。

（1）制鞋企业责任：

①企业应当采取措施，防治在生产建设或者其他活动中产生废渣对环境的污染和危害。

②建立环境保护责任制度，明确单位负责人和相关人员的责任。

（2）各级人民政府责任：

①加大保护和改善环境、防治污染和其他公害的财政投入，提高财政资金的使用效益。

②应当统筹城乡建设固体废物的收集、运输和处置等环境卫生设施，危险废物集中处置设施，并保障其正常运行。

（3）县级以上地方人民政府环境保护主管部门责任：对本行政区域环境保护工作实施统一监督管理。

5.1.1.2 《中华人民共和国固体废物污染环境防治法》（2016年修正）相关要求及各方责任

在《中华人民共和国固体废物污染环境防治法》（2016年修正）中，与制鞋业废料处理处置有关的法律要求有：

第三条 国家对固体废物污染环境的防治，实行减少固体废物的产生量和危害性、充分合理利用固体废物和无害化处置固体废物的原则，促进清洁生产和循环经济发展。

国家采取有利于固体废物综合利用活动的经济、技术政策和措施，对固体废物实行充分回收和合理利用。

第四条 县级以上人民政府应当将固体废物污染环境防治工作纳入国民经济和社会发展计划，并采取有利于固体废物污染环境防治的经济、技术政策和措施。

第五条 国家对固体废物污染环境防治实行污染者依法负责的原则。

产品的生产者、销售者、进口者、使用者对其产生的固体废物依法承担污染防治责任。

第十六条 产生固体废物的单位和个人，应当采取措施，防止或者减少固体废物对环境的污染。

第十七条 收集、贮存、运输、利用、处置固体废物的单位和个人，必须采取防扬散、防流失、防渗漏或者其他防止污染环境的措施；不得擅自倾倒、堆放、丢弃、遗撒固体废物。

第三十条 产生工业固体废物的单位应当建立、健全污染环境防治责任制度，采取防治工业固体废物污染环境的措施。

第三十二条 国家实行工业固体废物申报登记制度。

产生工业固体废物的单位必须按照国务院环境保护行政主管部门的规定，向所在地县级以上地方人民政府环境保护行政主管部门提供工业固体废物的种类、产生量、流向、贮存、处置等有关资料。

第三十三条 企业事业单位应当根据经济、技术条件对其产生的工业固体废物加以利用；对暂时不利用或者不能利用的，必须按照国务院环境保护行政主管部门的规定建设贮存设施、场所，安全分类存放，或者采取无害化处置措施。

由上面条款综合可知制鞋企业，鞋材废料收集、贮存、运输、处置单位分别负有以下法律责任。

企业责任：①对自身产生的固体废物污染环境负法律责任；②对其产生的固体废物依法承担污染防治责任；③应当采取措施，防止或者减少固体废物对环境的污染；④收集、贮存固体废物必须采取防扬散、防流失、防渗漏或者其他防止污染环境的措施；不得擅自倾倒、堆放、丢弃、遗撒固体废物；⑤应当建立、健全污染环境防治责任制度，采取防治工业固体废物污染环境的措施；⑥按照国务院环境保护行政主管部门的规定，向所在地县级以上地方人民政府环境保护行政主管部门提供工业固体废物的种类、产生量、流向、贮存、处置等有关资料；⑦对其产生的工业固体废物加以利用；对暂时不利用或者不能利用的，必须按照国务院环境保护行政主管部门的规定建设贮存设施、场所，安全分类存放，或者采取无害化处置措施。

鞋材废料收集、贮存、运输单位法律责任：必须采取防扬散、防流失、防渗漏或者其他防止污染环境的措施；不得擅自倾倒、堆放、丢弃、遗撒固体废物。

鞋材废料处置单位法律责任：必须采取防扬散、防流失、防渗漏或者其他防止污染环境的措施；不得擅自倾倒、堆放、丢弃、遗撒固体废物。

环境保护行政主管部门法律责任：接受产生固体废物的单位关于固体废物产生情况的申报，并对本行政区域内固体废物污染环境的防治工作实施统一监督管理。

5.1.2 地方政策管理要求

在《广东省固体废物污染环境防治条例》（2018年修正）中，与制鞋业废料处理处置有关的法规要求有：

第四条 县级以上人民政府应当将固体废物污染环境防治工作纳入国民经济和社会发展规划。

县级以上人民政府生态环境主管部门应当会同有关部门，依法编制本行政区域的固体废物污染防治专项规划或者将固体废物污染防治规划纳入本行政区域的环境保护规划。

固体废物污染防治规划应当与区域环境保护规划、土地利用总体规划、城市总体规划等相协调。

第五条 产生、收集、贮存、运输、利用、处置固体废物的企业事业单位和其他生产经营者，应当采取措施，防止或者减少固体废物污染环境，并依法承担固体废物污染环境防治责任。

第六条 县级以上人民政府应当统筹协调固体废物污染环境防治工作，并对固体废物污染环境防治给予必要的财政支持，对固体废物突发环境事件安排应急处置资金。

乡镇人民政府、街道办事处和基层群众性自治组织应当协助做好本区域的固体废物污染环境防治工作。

第七条　县级以上人民政府生态环境主管部门对本行政区域内固体废物污染环境的防治工作实施统一监督管理。

县级以上人民政府发展改革、工业和信息化、公安、自然资源、城市管理、住房城乡建设、交通运输、农业农村、商务、卫生健康等主管部门在各自职责范围内负责固体废物污染环境防治的监督管理工作。

第八条　县级以上人民政府生态环境主管部门和其他有关部门应当建立固体废物污染环境群众监督举报制度，对举报的问题及时调查处理，并将处理结果告知举报人；对举报属实，为查处固体废物污染环境重大违法行为提供主要线索或者证据的举报人，按照有关规定予以奖励。

新闻媒体应当加强防治固体废物污染环境的公益宣传和舆论监督。

第十一条　产生固体废物的重点企业事业单位和其他生产经营者应当定期如实向社会公开其产生的固体废物种类、数量、流向、贮存、利用、处置情况以及固体废物污染防治设施的建设和运行情况等信息。

鼓励和支持其他产生固体废物的企业事业单位和其他生产经营者自愿向社会公开其产生的固体废物种类、数量、流向、贮存、利用、处置情况以及固体废物污染防治设施的建设和运行情况等信息。

产生固体废物的重点企业事业单位和其他生产经营者名录由省人民政府生态环境主管部门定期通过政府网站、报刊、电视、广播等便于公众知晓的方式公布。

第十二条　建设产生固体废物的项目以及建设贮存、利用、处置固体废物的项目，应当依法进行环境影响评价。

产生危险废物的建设项目，其环境影响评价文件应当包括与危险废物管理相关的工程分析、环境影响分析、污染防治措施技术经济论证、环境风险评价、环境管理要求等内容。

第十三条　建设项目中固体废物污染防治设施应当与主体工程同时设计、同时施工、同时投入使用。固体废物污染防治设施应当符合经批准的环境影响评价文件要求，不得擅自拆除或者闲置。

第十四条　产生工业固体废物的企业事业单位和其他生产经营者，应当依法将工业固体废物的种类、数量、流向、贮存、利用、处置等有关情况，向所在地县级以上人民政府生态环境主管部门申报登记。

申报登记信息发生重大改变的，产生工业固体废物的企业事业单位和其他生产经营者应当自改变之日起十五个工作日内向所在地县级以上人民政府生态环境保护主管部门办理变更申报手续；因不可控制因素发生紧急重大改变的，应当立即向所在地县级以上人民政府生态环境主管部门报告。

第十七条　鼓励和支持保险企业开展与固体废物污染环境防治相关的责任保险工作。

产生、收集、贮存、运输、利用、处置固体废物的企业事业单位和其他生产经营者应当按照国家和省有关规定投保环境污染责任保险。

第十八条 县级以上人民政府应当统一规划固体废物处置设施，优化固体废物处置设施的区域布局，并将固体废物处置设施的建设用地、建设计划纳入土地利用年度计划、城乡规划年度实施计划。

第二十条 鼓励社会力量依法投资、建设和运营固体废物处置设施。鼓励和支持固体废物污染防治科学技术研究开发，推广应用先进适用的技术、工艺、设备和材料，促进固体废物综合利用和无害化处置，提高固体废物利用处置能力。

第三十二条 禁止下列污染环境的行为：

（一）露天焚烧生活垃圾、沥青、油毡、橡胶、轮胎、塑料、皮革、电线电缆、电子废物以及其他产生有毒有害烟尘和恶臭气体的物质；

（二）使用未经生态环境主管部门批准的设施焚烧处理固体废物；

（三）使用不符合国家和地方相关技术规范的场所堆放、贮存、处置固体废物；

（四）未按相关规定填埋或者在江河、湖泊、运河、渠道、水库及其最高水位线以下的滩地和岸坡等法律、法规规定禁止倾倒、堆放废弃物的地点倾倒、堆放固体废物；

（五）将危险废物混入生活垃圾，国家规定豁免管理的除外；

（六）法律、法规规定禁止的其他行为。

第四十二条 鼓励和支持持有危险废物经营许可证的单位建设区域性危险废物收集、贮存设施，依法收集、贮存机动车维修和报废机动车回收拆解行业危险废物、废铅酸蓄电池、废含汞荧光灯管等。

鼓励和支持在工业园区内依法建设危险废物贮存设施，为工业园区内企业事业单位和其他生产经营者提供危险废物收集、贮存服务。

综合以上条款可知，制鞋企业，收集、贮存运输、处置鞋材废料的企业，以及政府相关部门负有以下法定责任。

产生鞋材废料的企业：对其产生的固体废物依法承担污染防治责任；对相关管理部门在对管辖范围内的固体废物污染环境防治进行现场检查时应当如实反映情况，提供必要的资料；应当采取措施，防止或者减少固体废物对环境的污染；收集、贮存、运输固体废物时，必须采取防扬散、防流失、防渗漏或者其他防止污染环境的措施；不得擅自倾倒、堆放、丢弃、遗撒固体废物；建设项目的环境影响评价文件确定需要配套建设的固体废物污染环境防治设施，必须与主体工程同时设计、同时施工、同时投入使用。固体废物污染环境防治设施必须经原审批环境影响评价文件的环境保护行政主管部门验收合格后，该建设项目方可投入生产或者使用。对固体废物污染环境防治设施的验收应当与对主体工程的验收同时进行；自行处置固体废物的，污染防治设施应当与主体工程同时设计，同时施工，同时投入使用；委托固体废物集中处置设施处置的，可以不自建固体废物处置设施；使用固体废物集中处置设施的，应当支付处置费用；禁止露天焚烧或者使用未经环境保护行政主管部门批准的设施焚烧其他产生有毒有害烟尘和恶臭气体的物质；禁止使用没有采取防渗措施的场所堆放、贮存、处置固体废物；禁止在江、河、湖、海、水库等沿岸堆放固体废物。

收集、贮存、运输、处置鞋材废料的企业：必须采取防扬散、防流失、防渗漏或者其他防止污染环境的措施；不得擅自倾倒、堆放、丢弃、遗撒固体废物。

县级环保行政主管部门：县级以上地方人民政府环境保护行政主管部门对本行政区域内固体废物污染环境的防治工作实施统一监督管理。

各级政府及其他相关部门：县级以上人民政府应当将固体废物污染环境防治工作纳入国民经济和社会发展计划，并采取有利于固体废物污染环境防治的经济、技术政策和措施；县级以上地方人民政府及其有关部门组织编制城乡建设、土地利用、区域开发、产业发展等规划，应当统筹考虑减少固体废物的产生量和危害性、促进固体废物的综合利用和无害化处置；各级人民政府应当加强防治固体废物污染环境的宣传教育，倡导有利于环境保护的生产方式和生活方式；国务院环境保护行政主管部门对全国固体废物污染环境的防治工作实施统一监督管理；国务院有关部门在各自的职责范围内负责固体废物污染环境防治的监督管理工作。县级以上地方人民政府有关部门在各自的职责范围内负责固体废物污染环境防治的监督管理工作；县级以上人民政府环境保护行政主管部门和其他固体废物污染环境防治工作的监督管理部门，有权依据各自的职责对管辖范围内与固体废物污染环境防治有关的单位进行现场检查；检查机关应当为被检查的单位保守技术秘密和业务秘密。

5.2 惠东鞋材废料环境管理现状及存在的问题

5.2.1 企业管理现状及问题

据调查，惠东规模化制鞋企业较少，大多是家庭作坊式制鞋企业，许多企业甚至未办理环保手续，日常管理重生产、轻环保，在环境管理方面存在以下问题：

（1）只有少数几家企业设有专门的环境管理部门，90%以上的企业没有专人负责企业环保工作，对鞋材废料的日常收集、贮存以及交给其他单位处置等事宜不够重视。

（2）在收集、贮存鞋材废料时大多未采取防扬散、防流失、防渗漏或者其他防止污染环境的措施。使用没有采取防渗措施的场所堆放、贮存、处置固体废物。

（3）部分制鞋企业擅自倾倒、堆放、丢弃固体废物，对其造成的固体废物未依法承担污染防治责任。

（4）部分小作坊式制鞋厂未办理环评审批手续，或环评文件中对鞋材废料的污染防治方式方法未提供明确、可操作的处置方式方法。制鞋企业基本未建设鞋材废料污染防治设施。

（5）部分制鞋企业在企业周边违法露天焚烧鞋材废料，以致产生有毒有害烟尘和恶臭气体，造成当地环境污染。

（6）部分制鞋企业将鞋材废料混入生活垃圾，交给环卫部门收集、处置，对环卫部门如何处置，是否合法，关注较少。

5.2.2 收运现状及问题

制鞋企业产生的鞋材废料，多是混合收集、混合运输。大的制鞋企业将目前可资源化利用的鞋材废料交由个体或者资源回收利用单位进行收集，将目前不方便资源化利用的鞋材废料交由环卫部门收集、处理；大多数作坊式制鞋厂则直接将所有鞋材废料混入生活垃圾中交给环卫部门处置。据了解，截至2015年底，惠东县鞋材废料部分运送到地方垃圾填埋厂填埋，部分则运送到汕头垃圾焚烧发电厂焚烧发电，还有一部分仍然是随意堆放、随意焚烧。由此可见，鞋材废料在收集、运输、处置方面存在以下问题：

（1）收集、运输鞋材废料以及暂存鞋材废料的公司均没有防扬散、防流失、防渗漏或者其他防止污染环境的措施。

（2）部分鞋材废料收集/运输/处置单位不负责任，将鞋材废料随意倾倒在低洼地带、水塘边或者道路旁、田埂边，不仅影响景观，而且也极不卫生。

（3）部分鞋材废料收集者直接将鞋材废料就近露天焚烧，造成当地环境污染。

（4）鞋材废料资源化利用程度低。

5.2.3 政府部门鞋材废料管理现状及问题

5.2.3.1 地方政府鞋材废料管理现状及存在的问题

（1）多年来，地方政府对于“将固体废物污染环境防治工作纳入国民经济和社会发展计划，并采取有利于固体废物污染环境防治的经济、技术政策和措施”的要求显得苍白无力。在组织编制城乡建设、土地利用、区域开发、产业发展等规划时，虽有统筹考虑减少固体废物的产生量和危害性、促进固体废物的综合利用和无害化处置，但由于各种困难和压力，多年来，未按规划实施。

（2）在“加强防治固体废物污染环境的宣传教育，倡导有利于环境保护的生产方式和生活方式”方面开展了一定的工作，但效果不明显。

（3）县级以上地方人民政府有关部门在各自的职责范围内负责固体废物污染环境防治的监督管理工作方面不够重视，效果不佳。

（4）在加大保护和改善环境、防治污染和其他公害的财政投入，提高财政资金的使用效益方面重视不足，财力不够。

（5）在2016年前，未能有效统筹城乡建设固体废物的收集、运输和处置等环境卫生设施。

5.2.3.2　地方环境保护行政主管部门管理现状及问题

从现场调研来看，由于各种原因，地方环境保护行政主管部门对本行政区域内鞋材废料的管理存在一定的问题：

（1）对部分作坊式制鞋企业监管不力，这些企业未完善环保手续。

（2）未对制鞋企业产生的鞋材废料进行依法管理。据了解，主要是由于地方政府未配套建设集中的固体废物处置设施，使制鞋企业产生的废料没有合适的出路。

（3）未要求产生鞋材废料的企业申报鞋材废料产生、收集、处理等情况。

（4）对制鞋企业产生的鞋材废料在收集、暂存方面存在的问题监管不严，而对运输、处置鞋材废料过程中存在的环保问题"无权"管理。地方环境保护行政主管部门"无权"管理主要体现在两个方面：第一，无法对鞋材废料进行定性，定性为一般工业固废的鞋材废料可以作为再生原料，交由环卫部门或物资回收公司处理处置，针对一般工业固体废物处理处置的管理、处罚的法律法规较少；第二，地方属地管辖的街镇环保办没有执法权，只有监督上报的权力，不能对违法行为进行及时的制止、举证和处罚。

第6章　鞋材废料处理处置政策研究

6.1　鞋材废料资源化的困境

鞋材废料的处理与利用不仅仅是技术问题，要真正实现有效利用，还面临社会、经济、环境等诸多方面的困境。鞋材废料的处理与利用是一项社会系统工程，需要全社会广泛参与。

6.1.1　组织问题

鞋材废料应该由谁解决，由谁提供服务，鞋材废料的处理与利用工作由谁来牵头，由谁来组织协调，等等，国内还没有一个成熟的管理模式。

6.1.2　技术问题

目前鞋材废料资源化处理技术很少实现产业化应用，部分实验研究开发的技术还需要进行中试和总结推广，还需要对技术经济可行性进行充分的论证。鞋底废料虽然能够回收再生，但必须进行分拣、分类和相应的处理后方能利用；而鞋面废料等难以处理，往往被人随意丢弃，或者直接焚烧处理；处理不当导致当地“垃圾围城”。成分方面，大多都是聚氨酯、EVA等不可降解成分，因此必须采用物理、化学方法进行处理，大大提高了处理成本。

6.1.3　环境问题

鞋材废料在填埋、加工和堆放时，占据大量的填埋空间，并且会产生一定污染；简单的焚烧产生严重的大气污染；同时，无序的堆放也会严重影响市容市貌或农村环境。

6.1.4　经济问题

鞋材废料只有经过加工再生产才能产生新的价值。废料的处理需要投入资金，除金属、木制品拆除后经过清理，通过废品回收能够取得一些回报以外，剩下的鞋面废料可回收价值低，处理成本高；再生利用方面，生产成本一般要高于新的原料采购成本，常常使企业无利可图，直接影响企业的积极性。因此，政府必须通过多种渠道给予政策上的优惠和经济上的补助，使从业者积极主动进行回收利用。

6.1.5　政策问题

目前，鞋材废料处理与利用的政策法规还不健全。政府应加强鞋材废料组织、搜集、运输等管理工作，逐步限制鞋材废料的堆存用地，为鞋材废料资源化生产用地、再生产品的生产制定优惠政策，鼓励在制鞋生产加工中优先使用鞋材废料的再生产品。

6.2　鞋材废料管理的社会责任

我国对鞋材废料管理的法律建设尚处于起步阶段，管理体系不够健全，现有体制中还存在一些不合理的地方。例如，从鞋材废料对环境的危害而言，按照产品生命周期理论，其产生、放置、运输、处理处置的全过程，都应该被列入管理范畴。首先要从源头减少废料的产生，然后优化原料选型和鞋业生产工艺，进一步提高原料利用率；从资源环境管理的角度出发，应明确包括鞋材废料的再生利用、资源回收等方面的技术开发和管理职责；鞋材废料的管理，则要从解决乱堆乱弃，改善城市市容环境卫生的角度，上升到资源化利用的高度。鞋材废料分类收集程度不高，绝大部分依然是混合收集，增大了垃圾资源化、无害化处理的难度。因此，制定相关的鞋材废料产出标准，可以对制鞋企业进行有效的控制。

解决组织问题的关键就在于，需要一个强有力的领导方来带领社会各界力量共同完成鞋材废料管理工作。首先，政府及环保部门应针对制鞋产业的废料处理处置问题进行立项调查，调查县内鞋材废料的产生情况、污染情况、处理处置情况等。针对各种情况进行分析，给出解决方案，进而安排社会各方力量完成各自任务。

（1）政府部门要对制鞋企业进行多方面的培训教育，包括进行废品废料的管理教育，要求企业完善管理制度，并且对于管理不当处及时给出指引，提出整改措施。政府把握鞋材废料处理技术后，对于有志进行鞋材废料处理的企业给予技术、经济、用地等方面的支持，大力鼓励其发展；对于难以处理的鞋材废料给予进行鞋材废料处理的企业经济上的补助。

（2）设置监督部门，定期巡查管辖范围内的制鞋企业，排查各企业中各种废品废料管理不当的现象，并向执行部门报备。

（3）鞋业主管部门应制定鞋材废料产出平衡标准，计算单位鞋产量的废料排放因子，确定制鞋单位对鞋的废料产生量的标准。同时，对于生产不同种类的鞋，应确定各种废料废品的产生量。

（4）监管部门应要求各制鞋企业定期提交“产品生产清单”与“废品废料处理清单”，根据制定的模型标准，使产品量与废品量一一对应，使每批废料有迹可循，杜绝废品废料偷排现象。监督部门应定期安排人员到各制鞋企业进行巡查，排查厂内废品废料不分类，乱摆乱放等现象，监督是否有特定废品废料存放点，并且提出整改要求。对于屡教不改的企业，交由执行部门处理。

（5）地方政府组织鞋业商会、环保、环卫等职能部门，成立鞋材废料管理小组，定期讨论废料收集与管理。

（6）地方政府组织环卫工人、鞋业商会人员对鞋材废料的丢弃现象进行监管，定期巡查，同时在管辖范围内推行检举与奖励制度，让人民群众参与监督检举，缩小废品废料偷排的漏洞。

（7）地方政府大力倡导鞋材废料的处理与处置规划，引进更多外来技术，促进当地鞋材废料的科学处理处置。

（8）地方政府引导废品回收商加强鞋材废料的回收工作，给予相应的补贴，使以往被随意丢弃的鞋面废料能够得到重视，降低后续处理中废料的回收难度。

6.3 鞋材废料环境管理的规章制度

6.3.1 政府层面

建立健全相关法律、法规，加大对鞋材废料综合利用的扶持力度。政府要从政策上加以引导、扶持，注重运用政策、价格、财税、金融等多种手段促进鞋材废料的回收利用和处理处置，加大鞋材废料的综合利用力度。

（1）要求减少鞋材废料填埋处理的数量，倡导鞋材废料走综合利用之路，同时要统筹规划，建设鞋材废料的安全焚烧热电厂。

（2）对从事垃圾处理的投资和产业活动给予税收优惠，对于鞋材废料综合再利用的产品，政府要协助大力宣传，使鞋材废料综合再利用产品能够深入民心，鼓励各行各业积极使用鞋业废料再生产品，提高鞋材废料再利用产品的市场占有率等。

（3）建立完善鞋材废料再生产品的标准和应用技术规程，在技术上严格把关，使鞋材废料再生产品有不低于正常产品的质量。这对于推动鞋材废料资源化具有重要意义。

（4）禁止填埋可回收利用的鞋材废料，凡可回收利用的鞋材废料，必须按规定进行分类收集和存放，以待废品回收商分类回收，再交付鞋材废料处理企业。

（5）凡利用鞋材废料生产出的材料和产品，国家应在税收政策上给予优惠。对于难以处理的鞋面废料，政策上应加大倾斜力度，力求鞋面废料也能进行回收利用。

（6）加强宣传教育工作，让群众知道鞋材废料是一种可利用的资源，提高生产企业及生产工人的环保意识。

（7）加强人民群众的环保意识，积极举报鞋材废料随意焚烧的现象，坚决反对贪图便利而将鞋材废料焚烧的行为，减少大气污染。

（8）一旦颁布鞋材废料资源化的法规，就应该严格监督执法，将鞋材废料作为一种重要资源来认识和利用。

6.3.2　企业层面

课题组受惠州市环境保护局委托，结合对制鞋企业环境保护管理方面的调查研究情况，依据《中华人民共和国环境保护法》和《中华人民共和国固体废物污染环境防治法》，制定了企业层面的环境管理、固体废弃物管理和鞋材废料管理制度，供相关企业参照执行。

6.3.2.1　企业总体环境保护管理制度

1.总则

第一条　根据《中华人民共和国环境保护法》，为认真执行“全面规划，合理布局，综合利用，化害为利，依靠群众，大家动手，保护环境，造福人民”的环境方针，搞好企业的环境保护工作，特制定本管理制度。

第二条　企业环境保护管理的主要任务是：宣传和执行环境保护法律法规及有关规定，充分、合理地利用各种资源、能源，控制和消除污染，促进本企业生产发展，创造良好的工作生活环境，使企业的经济活动能尽量减少对周围生态环境的污染。

第三条　保护环境人人有责。企业员工、领导都要认真、自觉学习、遵守环境保护法律法规及有关规定，正确看待和处理生产与保护环境之间的关系，坚持预防为主、防治结合的方针，提倡车间清洁生产、循环利用，从源头上尽量消灭污染物，并认真执行“谁污染、谁治理”的原则。

2.组织结构

第四条　根据《中华人民共和国环境保护法》，企业应设置环境保护和环境监测机构，企业环保技术人员全面负责本企业环境保护工作的管理和监测任务，改善企业环境状况，减少企业对周围环境的污染，并协调企业与政府环保部门的工作。

第五条　组织建立企业环境保护管理团队，由企业领导和企业环保员组成，定期召开企业环保情况报告会和专题会议，负责贯彻会议决定，共同搞好本企业的环境保护工作。

第六条　企业环境保护机构应配备必需的环保专业技术人员，并保持相对稳定。设置一名经理级领导来分管环境保护工作，并制定若干名专职环保技术员，协助领导工作。环保机构只能加强，不能削弱。

3.基本原则

第七条　企业环保工作由分管环保领导主管，搞好企业内的环保工作，并直接向企业负责人负责环保事项。

第八条　环保人员要重视防治“三废”污染，保护环境。要把环境保护工作作为生产管理的一个重要组成部分，纳入到日常生产中去，实行生产环保一齐抓。

第九条　环境保护工作关系到周边环境和每个职工的身体健康及企业生产发展，企业员工必须严格执行环境保护工作制度，任何违反环保工作制度，造成事故者，必根据事故程度追究责任。

第十条 防止“三废”污染，实行“谁污染，谁治理”的原则，所有造成环境污染和其他公害的车间都必须提出治理规划，有计划、有步骤地加以实施，企业在财力、物力、人力方面应及时给予安排解决。

第十一条 对环保设施、设备等要认真管理，建立定期检查、维修和维修后验收制度，保证设备、设施完好，运转率达到考核指标要求，并确保备品备药的正常储备量。

第十二条 在下达企业考核各项技术经济指标的同时，把环保工作作为评定内容之一。

第十三条 凡新建、扩建、改造项目中的“三废”治理和综合利用工作所需资金、设备、材料，必须同时列入计划，切实予以保证，在施工过程中不得以任何理由为借口排挤“三废”治理和综合利用工程的资金、设备、材料和人力等。

4.环保机构职责

第十四条 企业环保机构职责：

①在企业分管领导负责下，认真贯彻执行国家、上级主管部门的有关环保方针、政策和法规，负责本企业环保工作的管理、监察和测试等。

②负责组织制定环保长远规划和年度总结报告。

③监督检查本企业执行“三废”治理情况，参加新建、扩建和改造项目方案的研究和审查工作，并参加验收，提出环保意见和要求。

④组织企业内部环境监测，掌握原始记录，建立环保设施运行台账，做好环保资料归档和统计工作，按时向上级环保部门报告。

⑤对员工进行环保法律、法规教育和宣传，提高员工的环保意识，并对环保岗位进行培训考核。

5.奖励和惩罚

第十五条 凡本企业员工，在环境保护工作中，成绩明显者将给予精神和物质奖励。

第十六条 凡本企业员工玩忽职守，任意排放企业“三废”，造成污染环境事件，按触犯《中华人民共和国环境保护法》论处，视情节轻重，给予行政处分，赔款，直至追究刑事责任。

6.附则

第十七条 本制度与国家法律、法规等部门文件有抵触时，按上级文件规定执行。

第十八条 本管理制度属企业规章制度的一部分，由企业负责贯彻落实和执行。管理部门要严格执行，并监督、检查。

6.3.2.2 企业固体废物管理制度

1.总则

第一条 为有效防止固体废物对环境的污染，保障人体健康，依据《中华人民共和国固体废物污染环境防治法》以及国家其他有关法规、政策，结合公司实际，制定本制度。

第二条　公司各单位必须坚持对固体废物污染环境的防治，通过推进清洁生产、发展循环经济，最大限度地提高资源利用率，减少废物、特别是危险废物的产生数量。

第三条　在原料、器材、设备的采购过程中，应将相应废物的回收、处置列为卖方的责任。在为其他单位提供技术服务、生产服务和其他服务时，也应明确固体废物处置责任。

第四条　固体废物的产生、收集和处置单位必须制定切实可行的环境应急计划，最大限度地消除或减少各类事故对环境的污染。

第五条　废物贮存、处置的设施、场所的建设、管理必须符合国家法律、法规、技术标准的有关规定和要求；严格环境影响评价和环保“三同时”的有关规定。

第六条　为便于废物的处置和综合利用，对固体废物应分类收集和储存。

第七条　从事固体废物收集、贮存、处置等经营活动的单位，必须获得法规规定的环境保护行政主管部门的行政许可。由公司管理的独立法人企业和公司外单位，必须执行公司市场管理和环境保护专业市场管理的审批程序。

第八条　在固体废物的处置和资源化利用过程中，要避免和控制二次污染。

第九条　公司各单位负责对本单位固体废物收集、贮存、运输、处置等工作；公司机关各部室按职责分工负责本系统业务范围内的固体废物污染环境防治的监督管理工作；公司质量安全环保部负责对公司固体废物污染环境的防治监督监察工作。

第十条　本制度适用于公司所属单位和在公司从事固体废物收集、处置、运输等经营活动的公司外单位。

2.危险废物

第十一条　凡列入现行《国家危险废物名录》的废物管理均应执行本办法的有关规定。

第十二条　产生危险废物的单位，必须向公司质量安全环保部申报危险废物的种类、产生量、流向、贮存、处置等有关资料，制定危险废物管理计划，并报公司质量安全环保部审批。管理计划应当包括减少危险废物产生量和危害性的措施，以及危险废物贮存、利用、处置措施。公司质量安全环保部负责编制公司危险废物管理计划，并报送政府环境保护行政主管部门备案。危险废物管理计划每年编制一次。

第十三条　危险废物的容器和包装物，以及收集、贮存、运输、处置危险废物的设施、场所，必须设置危险废物识别标志。

第十四条　收集、贮存危险废物，必须按照危险废物特性分类进行。禁止混合收集、贮存、运输、处置性质不相容而未经安全性处置的危险废物。

第十五条　禁止将危险废物混入非危险废物中贮存。

第十六条　贮存危险废物必须采取符合国家环境保护标准的防护措施，并不得超过一年；确需延长期限的，必须提前一个月报公司质量安全环保部批准。

第十七条 运输危险废物时，必须采取防止污染环境的措施，并遵守国家有关危险货物运输管理的规定。

第十八条 禁止将危险废物与旅客在同一运输工具上载运。

第十九条 收集、贮存、运输、处置危险废物的场所、设施、设备和容器、包装物及其他物品转作他用时，必须经过消除污染的处理，方可使用。

第二十条 在发生或者有证据证明可能发生危险废物严重污染环境、威胁居民生命财产安全时，公司质量安全环保部根据需要可责令停止导致或者可能导致环境污染事故的作业，采取防止或者减轻危害的有效措施。

第二十一条 转移危险废物的，必须按照国家有关规定填写危险废物转移联单。

第二十二条 公司质量安全环保部负责办理危险废物移出地和接收地的环境保护行政审批手续。

第二十三条 使用各种化学药剂、试剂的科研单位和化验室必须采用符合规定的包装和场所，临时贮存产生的危险废物。

第二十四条 废油漆、废残渣及其包装物应按采购合同约定由供货单位定期回收。

第二十五条 未列入第一条的危险废物管理应符合本办法的有关规定。

第二十六条 除了由供货单位回收和业主处置的危险废物外，所有危险废物的处置由公司质量安全环保部监管，未经批准，单位不得自行处置。

第二十七条 公司所属单位接收和处置其他单位危险废物时，必须经过公司主管部门组织的技术、经济和法规方面的全面论证，并得到公司质量安全环保部的批准。

3.一般工业废物

第二十八条 非危险工业废物不得与危险废物和生活垃圾混合收集、存放和处置。

第二十九条 燃煤锅炉的灰渣、粉煤灰的临时存放场所应有防泄露、防渗漏、防扬尘的“三防”设施。灰渣、粉煤灰的综合利用率要达到100%，不得新建灰渣、粉煤灰的永久填埋场所。

4.监督与处罚

第三十条 公司质量安全环保部和各单位的环境保护主管部门负责监督、监察。

第三十一条 凡违反本制度，未造成污染事故的视情节轻重给予5000元以下处罚，造成污染事故的视情节轻重给予5000～10000元处罚。

5.附则

第三十二条 本制度由公司环保部负责解释。

6.3.2.3 企业鞋材废料管理制度

针对制鞋企业或鞋材企业通过建立健全鞋材废料内部管理制度，对鞋材废料进行规范管理，课题组在进行充分调查研究的基础上，联合企业制定了相关的管理制度，为企业的相关环境管理提供参考。

1. 总则

第一条 为认真贯彻执行《中华人民共和国固体废物污染环境防治法》、《中华人民共和国环境保护法》相关法律法规，规范公司鞋材废料的管理，减少鞋材废料的产生和对环境造成的污染，制定本制度。

第二条 适用于公司范围内产生的鞋材废料的管理控制。

第三条 本制度所称“鞋材废料”是指在面料、内里、大底、中底等需要切割而成的部料的生产过程中产生的边角料。

第四条 公司内各生产部门应大力推行清洁生产，减少鞋材废料的产生，积极开展鞋材废料资源综合利用、化害为利，能回收利用的鞋材废料必须回收利用；不能回收利用的鞋材废料按相关要求进行处置。

2. 管理职责

第五条 安全环保部门负责全公司鞋材废料的管理，包括鞋材废料的分类收集、统一存放、回收或处置等，对各生产部门鞋材废料规范管理的监管、检查指导工作以及台账整理、对外申报登记工作。

第六条 各生产部门负责本部门生产过程中产生的鞋材废料的分类、收集工作和向管理部门申报登记等工作。

3. 鞋材废料的收集和存放

第七条 公司厂区内需设置专门的鞋材废料堆放场，分类鞋材废料收集、存放，堆放场内按可回收利用、不可回收利用两个类别划分不同的鞋材废料堆放区域，并根据需要设置识别标志。

第八条 禁止将危险废物和生活垃圾混入到鞋材废料中。

第九条 堆放场必须采取防扬散、防流失、防渗漏或其他防止污染环境的措施，并对贮存设施和场所加强管理和维护，保证其正常运行和使用。

第十条 各生产部门产生的鞋材废料，应按不同类别收集、存放在车间内临时存放场所，再统一运送到堆放场堆放，防止发生鞋材废料乱堆乱放现象，做到日产日清。

4. 鞋材废料的登记记录

第十一条 各生产部门产生的鞋材废料按其来源、种类、数量等内容进行统计，并建立相应台账，定期报送安全环保部门。

第十二条 安全环保部门根据堆放场鞋材废料贮存情况，按相关要求处理处置，按种类、数量、去向等内容进行统计，做好台账记录。

第十三条 安全环保部门每季度检查一次各生产部门鞋材废料的产生台账和贮存、处置情况。

6.4 工业固体废物综合利用的政策形势

6.4.1 工业固体废物综合利用的政策法规

1.《中华人民共和国环境保护税法》正式实施

2016年12月25日正式发布的《中华人民共和国环境保护税法》于2018年1月1日正式实施。在这部法规中，一方面明确了企业在固体废物排放与处置上的相关纳税标准；另一方面更是说明“纳税人综合利用的固体废物，符合国家和地方环境保护标准的”属于“暂予免征环境保护税”情形之一。该法令的发布可以说是在给固体废物综合利用带来了双重助力，以效益引导企业重视综合利用，使企业受益。

2.《工业固体废物资源综合利用评价管理暂行办法》正式实施

2018年5月发布的《工业固体废物资源综合利用评价管理暂行办法》中指出省级工业和信息化主管部门负责监督管理本辖区工业固体废物资源综合利用评价工作，依据本办法制定实施细则。而在各省市的具体实施中，可通过第三方评价机构的客观评价，确定综合利用工业固体废物种类和数量，企业依据评价结果，按照国家对环境保护税的有关规定，申请享受免征环境保护税，以及减免增值税、所得税等相关优惠政策。这一办法法规与《中华人民共和国环境保护税法》相结合，能够对工业固体废物综合利用产生巨大推动力。

3.《国家工业固体废物资源综合利用产品目录》实施

同样在2018年5月，《国家工业固体废物资源综合利用产品目录》也落地实施。该目录中界定了包括粉煤灰等六大类工业固体废物种类、80余种综合利用产品大品类。其中，在粉煤灰综合利用产品方面，对粉煤灰超细粉、矿物掺和料；水泥、水泥熟料、砖瓦、砌块、陶粒制品、板材、管材（管桩）、混凝土、矿物掺和料、砂浆、井盖、防火材料、耐火材料（镁铬砖除外）、保温材料、微晶材料、氧化铁、氧化铝等产品都详细阐述和展示了相关产品合规标准法规目录，为综合利用产品提供了更有力的市场发展政策。

4.工业和信息化部发文推动工业资源综合利用

2018年7月25日，工信部发文《坚决打好工业和通信业污染防治攻坚战三年行动计划》，特别指出推动工业资源综合利用。建设一批工业资源综合利用基地，大力推进长江经济带磷石膏、冶炼渣、尾矿等工业固体废物综合利用。发布再生资源综合利用规范企业名单，引导再生资源综合利用企业做大做强。指导开展工业固体废物资源综合利用评价，推动落实工业固体废物综合利用税收优惠政策。力争到2020年全国工业固体废物综合利用率达到73%，主要再生资源回收利用量达到3.5亿t。该计划与前三个法规呼应，重点推动工业固体废物综合利用、再生利用，引导第三方综合利用服务的市场繁荣。

5. 部分应用产品新国标正式实施

《GB/T 1596—2005用于水泥和混凝土中的粉煤灰》标准的修订版——GB/T 1596—2017在2017年7月正式发布，并于2018年6月1日正式实施。其中明确规定了用于拌制砂浆和混凝土中的粉煤灰的术语和定义、分类、登记、技术要求、试验方法、检验规则、包装、标志、运输与贮存。同时，该国标中明确指出粉煤灰不包括循环流化床锅炉燃烧收集的粉末。

参照以上政策依据的文件精神，可充分发挥政策的力量，推进鞋材废料的环境管理和资源化综合利用，规范市场发展。

6.4.2 工业固体废物综合利用的新形势

我国工业固体废物综合利用产业已经获得了长足进步，经历了以储为主—储用结合—以用为主三个发展阶段。综合以上所述法规政策，可以看到未来产业升级的趋势。

1. 区域工业固体废物综合利用产业协同发展

2018年京津冀及周边地区工业固体废物综合利用（国际）高层论坛、2018长江经济带工业固体废物综合利用论坛相继举行，区域工业固体废物综合利用产业协作日益受到重视。2015年，河北、山西、内蒙古、山东、北京、天津6省（区、市）启动京津冀及周边地区工业资源综合利用产业协同发展行动计划，要求实现年消纳工业固体废物4亿t，加工利用再生资源2000万t，总产值达到2200亿元。

区域合作能够让区域内的资源优势互补，形成有机产业链，减缓生态压力。这一趋势将在未来迸发出更大能量，如京津冀地区综合利用铁尾矿和废石代替开山炸石生产砂石料；协同利用京津冀地区丰富的高炉水淬矿渣、钢渣、脱硫石膏、粉煤灰等资源，大幅度降低混凝土和其他建筑材料中水泥熟料的用量；在岭南成矿带和其他有色金属采、选、冶集中区，推进有色金属采、选、冶工业全产业链固体废物协同资源化利用技术和固体废物源头减排技术，建设全国工业资源综合利用协同发展的先行示范区等。

2. 高附加值的高新技术综合发展

工业固体废物是用错了地方的资源。但也不可否认，长久以来工业固体废物的综合利用都存在种种争议，例如技术含量低、行业进入门槛低、产品档次低、附加值低，同时由此引发的市场不良竞争也在持续发酵。

而今，随着技术发展，通过产学研提升综合利用产品价值成为必然趋势，高利润这不仅仅让第三方产业有足够的动力推动固体废物综合利用，更能够反哺社会，让更多资方介入固体废物综合利用，实现产业链的良性发展。

例如在河北，不少企业能够通过先进技术提升粉煤灰综合利用产品的使用性能与价值。地处曹妃甸工业区的河北涛振再生资源有限公司先后与中国矿业大学、中材国际天津水泥工业设计院、铁路工程总公司第三设计院等院校和专业研究单位联合进行研发、技术攻关，建成的100 t/h带脱碳工艺的高效立磨混合粉磨系统、气流磨联合粉磨系统以及一条10万t脱硫石膏煅烧生产线（项目主体包括原料密闭输送、静电脱碳、混合粉磨、港口联合储运、装船机等），将粉煤灰和炉底渣转化为国标一级粉煤灰产品，碳含量远低于国家标准，广泛适用于高速铁路轨道板、超大型预制混凝土结构件的制造领域。

6.5 鞋材废料再生利用的政策

6.5.1 借鉴发达国家鞋材废料处理经验

部分发达国家的制鞋轻工产业，技术上已经十分成熟，鞋材废料的处理与处置技术也比较成熟，可借鉴学习其对鞋材废料的处理处置经验。

发达国家把废料资源化作为鞋材废料处理的重点，相关的新技术、新工艺不断涌现，资源化中鞋材废料处理所占比例也不断增加。与先进国家相比，我国在这方面的工作有一定的差距，今后的任务是十分艰巨。近年来，在绿色发展战略的指引下，我国鞋材废料管理和资源化利用也将逐渐发展。

目前，鞋材废料造成的环境问题日渐严重，因此需要高度重视，把鞋材废料的综合利用作为惠东县制鞋行业改革的一项重要工作来抓，把鞋材废料的综合利用提上重要议事日程。要借鉴发达国家的先进经验，结合我国的实际，早重视、早策划、早利用，高起点、高标准、高效益，大力推进鞋材废料综合利用，大力发展循环经济，彻底改变鞋材废料未经任何处理直接填埋和焚烧的现状，变低级填埋为综合利用，变资源浪费为资源再生。由此，我国政府可在如下方面着力：

（1）借鉴日本、美国、德国等国家的先进管理和利用经验，制定符合我国国情的鞋材废料再生利用政策。

（2）组织相关部门尽快制定再生资源产品标准和使用规范。

（3）研究制定经济激励政策，加大对再生产及企业的扶持，给予税收等优惠政策，强制使用政策和补偿政策，征收自然资源有偿使用税。

（4）制定鞋的制造生产中的鞋材废料的产生标准，严格监控进料量与废料量之间的平衡，预防用料的不正常耗费，同时也能鼓励企业在技术上革新，减少用料量。

（5）鼓励制鞋企业积极开展能源综合利用的深入研究与开发，将减排降耗作为衡量鞋生产企业管理水平和技术水平高低的重要考核指标，对完成得好的企业给予奖励。

6.5.2 加强鞋材废料处理和利用的技术研发

对鞋材废料进行资源化循环利用的研究，是环境保护和可持续发展的需要。目前我国在这方面的科研投入较之西欧、美国等工业发达国家相去甚远，而我国的资源短缺情况又远远超过了这些国家。科学技术研究工作是鞋材废料资源化的基础，没有技术保证，鞋材废料的资源化就无从谈起。结合我国实际情况，技术研发工作主要应该包括以下方面：

（1）鞋材废料减量化的综合措施。要大量减少鞋材废料，必须优化生产设计，革新生产技术，同时也要保证鞋的品质，加强企业内员工的组织和管理。

（2）鞋材废料综合利用的分析技术与成套设备研发。研究的投入，对未来的工作影响是巨大的，磨刀不误砍柴工，必须先把准备工作做好。

（3）鞋材废料系列再生产品的研究开发。鞋材废料有很大的回收利用潜能，废料只是放错地方的资源。能直接再生利用到制鞋行业中当然是最好的，但是不是每样废料都能物尽其用，因此必须研发鞋材废料的系列再生产品。

（4）鞋材废料再生产品的品质提升技术。这是鞋材废料再生利用的基础和关键。鞋材废料的再生产品能够销售使用，鞋材废料的资源化利用产业链才算完成。若鞋材废料不能出售，这只是另一种废料而已。因此，必须提高鞋材废料再生产品的品质，使其能够达到甚至超过天然资源产品的品质。

（5）加快研究鞋业综合处理和利用技术的研究，坚决淘汰污染环境、占用土地的鞋材废料处理方式，加强鞋材废料的回收利用，提高鞋材废料的减量化、无害化、资源化、产业化、循环化水平。

（6）开展鞋材废料高效再生利用示范中试工程的研究，提高鞋材废料的利用率。积极开展鞋材废料综合利用示范项目的建设，发挥项目的示范作用，全面推动鞋材废料综合利用工作的开展。

6.5.3　制定鞋材废料再生产品的相关技术标准

鞋材废料的循环再生利用无疑是垃圾减量化、资源化，环境保护与可持续发展的重要方向。国内鞋材废料的再生利用研究起步较晚，相关技术标准不够健全，很大程度上限制了鞋材废料的再利用。借鉴发达国家鞋材废料回收利用成功经验和技术，结合我国实际情况，组织制定系列鞋材废料再生产品的相关技术标准、设计规范、生产操作规程和再生产品质量检验规范，加速实现鞋材废料再生利用的资源化。

6.6　规划鞋业生态工业园区

生态工业园区（Eco-Industrial Park，EIP）是对工业生态学的具体运用，是建立在一块固定地域上的由制造企业和服务企业形成的企业社区。在该社区内，各成员单位通过共同管理环境事宜和经济事宜来获取更大的环境效益、经济效益和社会效益。企业社区能获得比由单个企业通过个体行为的最优化所能获得的效益之和更大的效益。生态工业园区遵从循环经济的减量化、再利用、再循环的“3R”原则，其目标是尽量减少区域废物，将园区内一个工厂或企业产生的副产品用作另一个工厂的投入或原材料，通过废物交换、循环利用、清洁生产等手段，最终实现园区的污染物“零排放”。工业生态学将工业园区这种人工生态系统设想为自然生态系统，也存在着物质、能量和信息的流动与储存，并通过工业代谢研究，利用生态系统整体性原理，将各种原料、产品、副产物乃至所排放的废物，利用其物理、化学成分间的相互联系、相互作用，互为因果地组成一个结构与功能协调的共生网络系统。生态工业园区是实现生态工业的重要途径，是经济发展和环境保护的大势所趋。从环境保护角度来看，生态工业园区才是最具环保意义和生态绿色概念的工业园区。生态工业园区有以下特征：

（1）具有鲜明的主题，但不仅仅是围绕单一主题而设计、运行，在设计工业园的同时考虑到社区。

（2）通过毒物替代、二氧化碳吸收、材料交换和废物统一处理来减少环境影响或生态破坏；但生态工业园不单纯是环境技术公司或绿色产品公司的集合。

（3）通过共生和层叠实现能量效率最大化。

（4）通过回用、再生和循环对材料进行可持续利用。

（5）在生态工业园定位的社区以供给形成网络，而不是单一的副产品或废物交换模式或交换网络。

（6）具有或持续建设环境基础设施，使企业、工业园和整个社区的环境状况得到持续改善。

（7）拥有规范体系，允许一定灵活性而且鼓励成员适应整体运行目标。

（8）应用减废减污的经济型设备。

（9）应用便于能量与物质在密封管线内流动的信息管理系统。

（10）准确定位生态工业园及其成员的市场，同时吸收那些能填补适当位置和开展其他业务环节的企业。

6.6.1 生态工业园区建设规划策略

6.6.1.1 生态工业园区的发展模式

生态工业园区的3种发展模式：

（1）零排放生态工业园（Zero-emission EIP），指所有企业都在同一地方，它们组成的共同体向自然生态系统的排放为零。

（2）虚拟生态工业园（Virtual EIP），指由不同企业构成松散的联系，或由有关地域的公司构成网络。

（3）生态发展（Eco-development），主要指非产业公司应用工业生态原理进行内部管理和彼此协作，实现共同发展，这种模式可通过社会团体、地方政府和非营利机构或公司推动。

从工业生态学的概念和生态工业园区的要求来看，建设生态工业园区必须在园区的设计上体现循环经济和工业生态学思想，根据生态园区的要求选择入园企业。同时，要真正实现工业园区的生态化，还必须有生态工业园区的特定技术作为支持。这些技术包括：信息技术、水重复利用技术、能源综合利用技术、回收和再循环技术、重复利用和替代技术、环境监测技术以及网络运输技术等。

6.6.1.2 生态工业园区的规划

1. 指导思想

从可持续发展的高度，将发展生态工业与发挥区域比较优势、提高市场竞争力相结合，与引进高新技术、提高经济增长质量相结合，与区域改造和产业结构调整相结合，与生态保护和区域环境综合整治相结合。

2. 基本原则

园区规划应遵循以下原则：

（1）与自然和谐共存原则。园区应与区域自然生态系统相结合，保持尽可能多的生态功能。对于现有工业园区，按照可持续发展的要求进行产业结构的调整和传统产业的技术改造，大幅度提高资源利用效率，减少污染物产生和对环境的压力。新建园区的选址应充分考虑当地的生态环境容量，调整列入生态敏感区的工业企业，最大限度地降低园区对当地景观和水文背景、区域生态系统以及对全球环境造成的影响。

（2）生态效率原则。在园区布局、基础设施、建筑物构造和工业生产过程中，应全面实施清洁生产。通过园区各企业和企业生产单元的清洁生产，尽可能降低本企业的资源消耗和废物产生；通过各企业或单元间的副产品交换，降低园区总的物耗、水耗和能耗；通过物料替代、工艺革新，减少有毒有害物质的使用和排放；在建筑材料、能源使用、产品和服务中，鼓励利用可再生资源和可重复利用资源。贯彻“减量第一”的最基本的要求，使园区各单元尽可能降低资源消耗和废物产生。

（3）生命周期原则。要加强原材料入园前以及产品、废物出园后的生命周期管理，最大限度地降低产品全生命周期的环境影响。应鼓励生产和提供资源、能源消耗低的产品和服务；鼓励生产和提供对环境少害、无害和使用中安全的产品和服务；鼓励生产和提供可以再循环、再使用和进行安全处置的产品和服务。

（4）区域发展原则。尽可能将园区与社区发展和地方特色经济相结合，将园区建设与区域生态环境综合整治相结合。要通过培训和教育计划、工业开发、住房建设、社区建设等，加强园区与社区间的联系。要将园区规划纳入当地的社会经济发展规划，并与区域环境保护规划方案相协调。

（5）高科技、高效益原则。大力采用现代化生物技术、生态技术、节能技术、节水技术、再循环技术和信息技术，采纳国际上先进的生产过程管理和环境管理标准，要求经济效益和环境效益实现最佳平衡，实现“双赢”。

（6）软硬件并重原则。硬件指具体工程项目（工业设施、基础设施、服务设施）的建设。软件包括园区环境管理体系的建立、信息支持系统的建设、优惠政策的制定等。园区建设必须突出关键工程项目，突出项目（企业）间工业生态链建设，以项目为基础。同时必须建立和完善软件建设，使园区能够健康、持续地发展。

3.规划步骤

（1）规划队伍建设。建立规划队伍，包括领导机构和技术机构。

（2）园区规划范围。根据实际情况选择园区范围，原则上不得占用新的土地作为工业用地。需充分利用现有工业区域、污染的废弃地区（此时，园区可作为生态恢复或经济再开发的举措，例如美国马里兰州Baltimore、弗吉尼亚州Cape Charles等生态工业园区）或当前运行的工业园区，进行生态工业园区建设规划。

（3）现状调研阶段。主要调查和分析园区以及周围区域内当前的自然条件、社会经济背景，现有行业和企业状况，物流、水流和能流，废物产生和处置，现有生态工业雏形，环境容量和环境标准，可能的废物利用渠道，可能形成的产业链等。

（4）规划目标确定。针对园区建设的指标体系（见下面的“4.”）中各类指标，提出园区建设的总体目标和具体目标，目标应尽可能量化和易于考核。

（5）方案设计阶段，包括：

①总体框架设计：根据现状分析结果，结合规划目标，进行物流、水流、能流、信息流的集成分析，从而给出园区的总体框架设计，包括主要的工业链、空间布局和功能分区的设计。

②产业发展规划：主要行业的发展定位、产品规模、支持项目等。

③入园项目筛选和入园项目指南：筛选和提出最初的入园项目（包括工业项目、基础设施、服务设施）。由于园区一般是一种开放式结构，因而需对今后的入园项目制订入园项目指南。

④政策设计：制定相应的园区管理措施、鼓励政策。

⑤支持系统设计：如企业孵化器、信息共享设施、废物交换系统、教育培训、研究和开发、环境管理体系、清洁生产审核等。

（6）投资和效益分析：包括园区的投资预算，社会、经济、环境效益分析。

4.园区规划建设的指标体系

（1）经济发展指标：如经济发展水平指标（GDP年平均增长率、人均GDP、万元GDP综合能耗、万元GDP新鲜水消耗等）；经济发展潜力指标（科技投入占GDP的比例、科技进步对GDP的贡献率等）。

（2）生态工业特征指标：如有无成熟的生态工业链；重复利用指标（水资源重复利用率、原材料重复利用率、能源重复利用率等）；柔性特征指标（产品种类、原材料的可替代性等）；基础设施建设指标（如信息网络系统、废物处理共享设施等）。

（3）生态环境保护指标：如环境保护指标（环境质量、污染物排放达标情况、污染物处理处置等）；环境绩效指标（万元GDP工业废水产生量、万元GDP工业固体废物产生量、万元GDP工业废气产生量、万元GDP有毒有害废物产生总量）；生态建设指标（可再生能源所占比例、人均公共绿地面积、园区绿地覆盖率等）；生态环境改善潜力（环保投资占GDP的比重等）。

（4）绿色管理指标：如政策法规制度指标（园区内部管理制度的制定、园区内部管理制度的实施、企业管理制度的制定、企业管理制度的实施等)；管理与意识指标(开展清洁生产的企业所占比例、园区企业ISO14001认证率、生态工业培训等)。

6.6.1.3　生态工业园规划文本大纲

以下给出生态工业园区规划文本的基本内容摘要，具体规划工作中各园区应当根据实际情况，有所侧重、增删和调整。

1. 区域社会、经济和环境概况

(1) 社区、城市、区域的情况；

(2) 园区现状、产业类别、结构、主要资源等状况；

(3) 存在的问题及分析。

2. 园区建设必要性和有利条件

(1) 必要性；

(2) 有利条件。

3. 规划目标和原则

(1) 总体目标；

(2) 具体目标；

(3) 规划原则。

4. 园区总体设计

(1) 现有建设条件分析；

(2) 生态工业园区的总体框架，包括主要工业链；

(3) 生态工业园区的空间布局和功能分区；

(4) 生态工业园区的产业发展规划。

5. 园区工业代谢分析

(1) 主要物质代谢分析；

(2) 能量流动分析。

6. 园区建设项目

(1) 园区建设项目清单及说明，包括工业项目、基础设施、服务设施等；

(2) 园区建设项目指南。

7. 园区投资和效益分析

(1) 总投资；

(2) 融资渠道；

(3) 经济效益、社会效益、环境效益。

8. 组织机构和保障措施

(1) 领导小组、管理委员会（协调办公室)、投资开发公司；

(2) 园区管理制度，如果是改造现有园区，须注意与现有园区的管理制度相结合；

(3) 鼓励政策，如土地政策、税收政策、补贴政策、信贷政策、排污收费返还等；

（4）支持体系，如信息系统、新技术开发、企业孵化器、环境管理体系、清洁生产审核等。

6.6.2 生态工业园区案例分析

丹麦的卡隆堡是一个仅有2万居民的工业小城市，位于北海之滨、哥本哈根以西100千米左右，常年通航正是卡伦堡20世纪50年代以来工业发展的条件。刚开始这里建造了一座火力发电厂和一座炼油厂，随着年代的推移，卡伦堡的主要企业开始相互间交换“废料”——蒸汽、不同温度和不同纯净度的水以及各种副产品。20世纪80年代以来，当地发展部门自发地创造了一种副产品交换网络，以获得新的收入并节省废物处理成本，这种网络被称为“工业共生体”。其工业共生关系如图6–1所示。

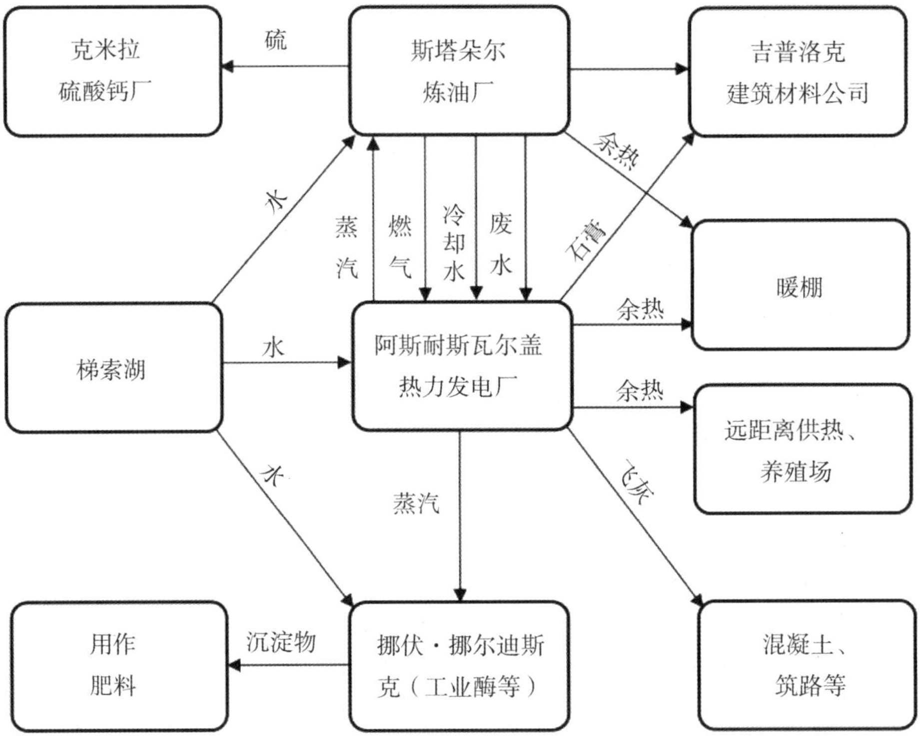

图6–1 卡伦堡工业共生关系

卡伦堡共生体系中主要有5家企业，相距只有数百米，由专门的管道体系连接：

（1）阿斯耐斯瓦尔盖（Asnaesvaerket）热力发电厂，这是丹麦最大的火力发电厂。

（2）斯塔朵尔（Statoil）炼油厂，是丹麦最大的炼油厂，年产量超过300万t。

（3）挪伏·挪尔迪斯克（Novo Nordisk）公司，丹麦最大的生物工程公司，是世界上最大的工业酶和胰岛素生产厂家之一。

（4）吉普洛克（Gyproc）建筑材料公司，一家瑞典公司。

（5）最后是卡伦堡市政府，它使用热电厂出售的蒸汽给全市远距离供暖，而产生的液态或蒸汽态的水，是可以重复利用的“废料”。斯塔朵尔炼油厂排出的水冷却阿斯耐斯瓦尔盖发电机组，发电厂产生的蒸汽又供给炼油厂，同时也供给挪伏·挪尔迪斯克工厂的发酵池。热电厂也把蒸汽出售给吉普洛克工厂和市政府（用于市政的分区供暖系统）。它甚至还给一家养殖大菱鲆鱼的养殖场提供热水。

卡伦堡工业共生系统在环境、经济方面的优势：

（1）减少资源消耗：每年节约了45 000 t石油、15 000 t煤炭，特别是60 0000 m^3的水，这些都是该地区相对稀少的资源。

（2）减少造成温室效应的气体排放和污染：每年减少了175 000 t二氧化碳和10 200 t二氧化硫的排放。

（3）废料重新利用：每年130 000 t炉灰（用于筑路），4500 t硫（用于生产硫酸），90 000t石膏，1440 t氮和600 t的磷。

事实上，这些交换的经济效益同样十分巨大。据资料介绍，最近的20年间16个废料交换工程总投资额估计为6000万美元，而由此产生的效益估计为每年1000万美元，投资平均折旧时间缩短了5年，但当时并未有主动的生态意识，正如卡伦堡工业园区经理所说，卡伦堡工业园根本不是设计出来的，它是随着时间推移渐渐形成的。经过几十年的探索、滚动发展和优化组合，卡伦堡工业园已通过“废物”联在一起，以能源、水和物质流动为纽带，由6家大型企业和10余家小型企业组成，是一个涉及发电、炼油、生物制品、塑料板、硫酸、水泥、种植、养殖、园艺以及供热等行业的高效、和谐的生态工业园区，堪称工业生态学中工业共生系统的经典范例。

卡伦堡这个历史最长、被广为研究、今天仍在运行的工业共生系统，开创了一种新的环境管理思想，这便是20世纪90年代以来逐渐发展起来的新兴交叉学科——“工业生态学”的雏形。

6.6.3　惠东鞋业生态工业园区规划

6.6.3.1　鞋业生态工业园区规划原则

1. 以城乡生态特征为基础

划分功能区首先要考虑城市的性质、特征。主要是分析惠东目前各区域的主要功能、主要问题以及城镇体系发展规划的总体布局。此外，功能分区必须有利于城镇生态环境建设，使城镇内的环境容量得以合理利用，做到区域污染物的排放总量在整个镇范围内得以合理分布。

2. 必须满足惠东经济发展和居民生活的基本要求

惠东环境保护的根本目的在于实现经济社会的持续、稳定、协调发展，维护正常的生产和生活环境。因此，功能区的划分，应有利于区域范围内的经济社会发展，并能充分利用现有的交通运输条件，在尽可能满足各类工业对环境的不同要求的同时，必须有利于城乡居民的生活，避免工业生产给居民区带来的危害，还要保持居民区与工业区的必要联系，以方便市民的生活。

3. 以区域定性，按最高功能保护的原则

以成片区域确定功能，而不是以个别点定性，现有功能对整体和全局有影响时，则必须以整体和全局为重。按最高功能保护，尽量避免功能区相互交错，以便于功能区内环境质量的宏观控制。

4. 合理利用环境容量原则

在功能区划分时，不但要考虑保护环境，也要考虑惠东经济发展的需要，充分利用当地的环境容量和资源，促进旅游业和工商业的发展。

5. 便于监督管理的原则

功能区的划分要便于对各项环境功能区的大气、水、声环境进行定期监测、定量考核其各项环境质量指标，便于对各功能区的污染物排放总量进行控制，使环境管理做到科学化、定量化、规范化。

对惠东县而言，可在吉隆片区规划建设鞋业生态园。吉隆区位优势突出，地处珠江三角洲经济发达区域，东连深汕特别合作区，西接深圳和广州，南临大亚湾；距广州220千米，距深圳98千米，距惠州机场50千米，距惠州港70千米；国道324线、深汕高速公路及规划中的海滨铁路穿境而过，广惠高速公路与深汕高速公路相接，交通网络发达。黄埠镇紧靠吉隆镇，能够直接享受如此便利的交通。

选址规划制鞋生态园区，进驻多个废料处理企业，能够直接处理园区内制鞋企业的废料。园区的规划应该由政府牵头，吸引各处鞋材废料处理企业进驻，对鞋材废料进行规模化处理。同时，可以缩短废料在运输上的距离，节省成本。例如，建造鞋材废料环保焚烧发电厂，不单可以处理这部分废料，还能发电产生效益。可见，合理规划园区对经济、生态、旅游等有着促进作用。

6.6.3.2 鞋业生态工业园区产业布局

根据生态工业园区建设的要求和当地产业发展规划，拟提出鞋业生态工业园区的产业布局设想，如表6–1所示。

表6–1 鞋业生态工业园区企业列表

企业种类	数量
制鞋企业	若干
塑胶跑道厂	1～2
陶粒保温混凝土砌块生产厂	1
RDF生产厂	1
热发电厂	1
EVA回收再生厂	1～3
橡胶回收再生厂	1～3
纤维纸板回收再生厂	1～3
建材生产企业	1～3

其中，鞋业生态工业体系，是以制鞋企业的鞋材废料为骨架所形成的共生关系。例如：

（1）需要1～2家塑料跑道生产企业来消纳制鞋的橡胶废料、塑料废料等。

（2）将鞋底废料制成胶粉，用于制造陶粒保温混凝土，因此需要1家陶粒保温混凝土砌块生产厂。同时，陶粒的煅烧可以用RDF作为燃料。

（3）对于数量庞大的鞋面废料，最好的方法是用于燃料再生，无害化燃烧。需要1家RDF生产企业。

（4）用于消纳所生产的RDF，需要热电厂，代替其他焚烧物料的燃烧发电。

（5）EVA、橡胶以及纤维纸板的回收再生，回用到制鞋生产中，因此需要回收再生企业若干。

（6）鞋材废料的资源化生产产品，需要木塑建材生产企业。

6.6.3.3　鞋业生态工业园工业共生关系

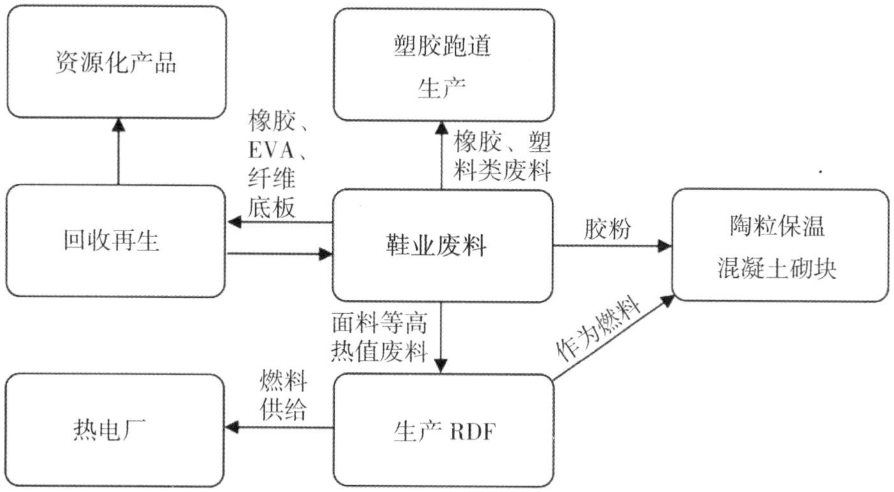

图6-2　鞋业生态园区工业共生关系

其中，鞋材废料按照处理处置技术路线，可以根据惠东县的实际情况，归纳出合理的共生关系：

（1）鞋面废料等不可回收废料，热值高，可以做成垃圾燃烧燃料RDF，用于热发电厂的燃料供给，或者用于陶粒保温混凝土生产的燃料供给。

（2）橡胶废料、橡塑废料等，可以用于塑胶跑道的生产。

（3）鞋底材料，大多可以用于再生，再次生产为鞋材。这样不仅降低了鞋材原料成本，而且节省了鞋材购买的路费与成本；或者，再生作为其他产品的原材料。

（4）橡胶废料、塑料废料等，可以用于陶粒混凝土的改性，生产陶粒保温混凝土。

（5）热电厂的发电，又可以为园区内企业提供电力。

如此，就可以形成制鞋—废料处理—废料资源化利用系统，将它们有机地结合起来，发展循环经济，实现绿色可持续发展。

第7章　结论及建议

制鞋行业是惠东县主要产业之一，大部分制鞋企业属于劳动密集型且规模较小的企业，从业人员较多，并且主要集中在惠东县的黄埠、吉隆、平山、大岭四个乡镇。镇区内生活垃圾多，鞋业生产的废料多，大部分企业的生活垃圾和鞋材废料没有进行分类收集或分类处理，大部分废物没有进行资源化处理处置，由此带来了较为严重的环境问题。近三年以来，在有关部门和单位的大力支持下，项目组开展了较为系统的调查研究，特别是对鞋材废料资源化利用的技术进行了实验研究，获得了一定的研究成果，取得了突破性的进展并针对鞋材废料的环境管理提出改进的建议，在资源化利用技术方面，提出优化和示范推广应用研究的工作思路。

7.1　结论

（1）大部分制鞋企业对鞋材废料缺乏科学、规范的管理制度，对鞋材废料未进行完全分类存放，加大了废料后续收集、运输、处理的难度。目前，鞋材废料处理方式较为单一，一般为大部分外运处理或混入生活垃圾中进行填埋处理，废料中仍有大部分可回收利用的废料没得到资源化利用，本地也没有规模化的鞋材废料回收利用企业。

（2）目前，鞋材废料的几种处理方式在一定程度上存在污染环境、损害生态、危害人群健康、浪费资源的问题。对于制鞋大县惠东来说，实施鞋材废料的资源化利用，尽可能保证可以回收利用的废料得到有效利用，在当今资源短缺、环境压力越来越大的情况下就显得尤为迫切。

（3）本项目组在全面了解国内外相关工作的基础上，开展了鞋材废料用于塑胶跑道材料、衍生燃料、生物填料、建筑材料（混凝土）、热化学利用等方面的实验研究，为鞋材废料资源化技术及经济可行性研究提供了科学的依据。国内外对各种成分废料回收利用的方法也有大量的研究和应用。鞋材废料种类众多、成分复杂，鞋材废料的资源化利用要了解其数量、组成和性质，涉及规模效益、处理技术的选择及防止二次污染等问题。根据目前鞋材废料回收利用研究进展，项目组选择了几种利用价值较高的鞋材废料进行的四项实验研究结果表明，鞋材废料制造成衍生燃料，生产混凝土砌块、塑胶跑道以及制作生物填料在技术上具有一定的可行性。但在实际利用过程中，应该根据惠东县实际情况，考虑包括鞋材废料的收集储运、掺加配比、与其他物料混合的可能性等问题，在降低污染，保护环境的同时，考虑经济平衡性，以寻求一条最合适可行的资源化利用途径。

①研制衍生燃料方面，对不同比例鞋材废料添加量对衍生燃料的影响研究表明，添加合适比例的鞋材废料可增大燃料的挥发分含量，减少灰分，同时，由于鞋材废料是易燃物，添加鞋材废料有助于提高燃烧性能；通过元素分析发现，用鞋材废料制作的衍生燃料中S、Cl^-含量不高；通过研究鞋材废料、生活垃圾及木粉制作衍生燃料的工业分析、高低位热值分析及元素分析，得出三者共同制作衍生燃料具有一定的可行性。与生活垃圾相比，鞋材废料具有有机物含量高，成分变化小，水分含量低，热值较高等特性。用其制造衍生燃料具有热值高、燃烧稳定、二次污染低及二噁英类物质排放低等特点，可减少其随意堆积，减少填埋占用的土地空间，也可减少因其直接燃烧而产生的污染。

②研制混合型塑胶跑道方面，用鞋材EVA、PU废料替代EPDM颗粒生产混合型塑胶跑道，有助于降低生产成本；将部分鞋材废料变为可利用的资源，可减少资源浪费，降低处置中对环境的不利影响。

第一，用鞋材EVA、PU废料替代EPDM颗粒生产混合型塑胶跑道，所检项目均符合国家以及深圳、上海相关标准，但挥发物含量偏高，且可溶性重金属铅有检测出，应引起重视。

第二，EVA和PU颗粒体积分数为5%～25%的混合弹性层物理性能检测指标邵A硬度、拉伸强度、拉断伸长率随着添加颗粒比例的增加，各指标值均有所下降，随着添加颗粒比例的增加，其物理性能有所下降。

第三，鞋材废料EVA颗粒和PU颗粒体积分数为15%的混合塑胶跑道面层材料均符合国家以及上海、深圳相关标准。

第四，鞋材废EVA料体积分数为15%的混合塑胶跑道物理指标均优于鞋材废PU料体积分数为15%的混合塑胶跑道，从这点上来看，EVA鞋材废料更适合做混合型的塑胶跑道。

第五，鞋材废EVA料体积分数为15%的混合塑胶跑道物理指标中垂直变形、抗滑值、拉伸强度以及拉断伸长率均优于全塑型塑胶跑道，仅冲击吸收项目指标略低于全塑型跑道。

第六，鞋材废PU料体积分数为15%的混合塑胶跑道物理指标中抗滑值以及拉断伸长率优于全塑型跑道，但冲击吸收、拉伸强度以及拉断伸长率均不及全塑型跑道。

第七，废鞋材PU颗粒体积分数为15%的聚氨酯跑道化学性能符合《GB 21027—2007 学生用品的安全通用要求》，重金属均未检出，甲醛、苯也未检出，甲苯/二甲苯有检出，占标率很低，约为0.0817g/kg。由此说明，废鞋材PU颗粒体积分数为15%的聚氨酯跑道重金属以及苯类毒性物质含量很低。

第八，由于《GB 21027—2007 学生用品的安全通用要求》发布时间较早，其中检测项目苯、甲苯/二甲苯、镉、汞、铅、铬标准限值均低于国家现有综合标准以及深圳、上海相关标准。将检测结果与国内目前最严标准进行比对，发现废鞋材PU颗粒体积分数为15%的聚氨酯跑道所测重金属指标中苯、甲苯/二甲苯、镉、汞、铅、铬均低于目前国家以及深圳、上海相关标准。

第九，由于检测方法、检出限不完全一致，若同样使用《合成材料运动场地面层质量控制标准（试行）》来进行评价，废鞋材PU颗粒体积分数为15%的聚氨酯跑道与全塑型喷面跑道可溶性重金属、苯、甲醛均未检出，而废鞋材PU颗粒体积分数为15%的聚氨酯跑道甲苯/二甲苯有检出，但远低于欧盟标准限值，全塑型喷面跑道中甲苯和二甲苯未检出。

第十，废鞋材颗粒替代部分塑胶跑道M9浆料或者EPDM颗粒，可分别节省14.3%和8%的原料成本。

③研制混凝土砌块方面，掺入一定比例鞋材废料制成混凝土砌块是一种资源化利用途径，5种鞋材废料的掺入都导致了混凝土砌块强度有一定程度的下降。另外，我国对各类建筑构件的燃烧性能和耐火极限做出了规定，对于一般的混凝土，根据其截面尺寸大小，耐火极限要求达到2.5～5.5 h不等，燃烧性能为不燃烧体。但是由于鞋材废料为有机易燃物，因而制约了其添加量，并且由于添加了鞋材废料，混凝土砌块的强度下降，甚至不能满足混凝土砌块工作要求，因此难以市场化销售和工程应用，制约了此种资源化途径的发展。

④在研制生物胶粒填料方面，用EVA及橡胶制成生物胶粒填料，均具有一定的污水处理效果，其20%填充率的污水处理效果最好；用EVA制成的生物胶粒填料实验表明，回流比为50%时，TP去除率达到最大，而COD、NH_3-N、TN回流比为150%时去除率达到最大；水力停留时间为5d，污染物去除率均达到最大；用橡胶实验，水力停留时间为4d时，TP去除率达到最大，而COD、NH_3-N、TN水力停留时间为5d时去除率达到最大。制成的生物胶粒填料实验表明，回流比为150%时污染物去除率均达到最大；用橡胶制成的生物胶粒填料的COD、NH_3-N去除效果略优于用EVA制成的生物胶粒填料，TP、TN去除效果略劣于用EVA制成的生物胶粒填料。用EVA及橡胶制成生物胶粒填料的COD及NH_3-N去除率均超过80%，远高于TP及TN。因此，将鞋材废料制成生物胶粒填料用于污水处理具有一定的可行性。

（4）项目着重研究了制鞋厂边角料及废料的环境管理与资源化利用技术，从绿色发展和循环经济角度出发，提出了制鞋行业集中入园和统一管理的生态工业园区规划，实现废料在园区内再生利用和集中处理处置，提出了有较高参考价值的环境管理对策。

（5）在鞋业废料现状调查的基础上，开展了鞋业废料用于塑胶跑道材料、衍生燃料、生物填料等资源化技术研究，其中热化学利用具有较高的应用前景和价值，该技术的应用结果表明，水泥窑协同处置鞋材废料可使燃煤量明显减少。

7.2 建议

（1）政府应加强对制鞋企业的引导和规范管理，组织协调相关部门合力处理鞋材废料，使鞋材废料得到资源化利用。建议具有一定规模的企业落实清洁生产审核，进一步改进生产工艺，减少废料的产生量；制定鞋材废料管理制度，加强对鞋材废料的管理。当地政府要规划鞋业生态工业园，让制鞋企业更加集聚化、规范化、规模化、现代化，从原料供应企业到制鞋企业，到废料资源化利用企业，形成合理的产业链，打造有一定产业规模的鞋业生态工业园，走可持续发展和绿色发展路线。

（2）在建成鞋业生态工业园前，应发挥惠东县生活垃圾焚烧发电厂、市内水泥厂水泥窑协同处置功能，加强鞋材废料的收集、运输及焚烧处置，避免其随意废弃或露天堆放，否则会带来周边环境空气污染及土壤污染。

（3）用鞋材废料生产的衍生燃料可以应用于干燥工程、水泥制造、供热工程和发电工程等领域，是一条可行的资源化利用途径。但在实际利用过程中，应该根据惠东县实际情况，考虑包括鞋材废料的收集储运、掺加配比、与其他物料混合的可能性等问题，在降低污染保护环境的同时，考虑经济、环境、技术的协调性和平衡性。

（4）根据混合型塑胶跑道实验研究，在进行原料以及产品的化学检测中，建议重点关注挥发物的含量以及甲苯/二甲苯指标、可溶性重金属铅的含量；由于添加比例增加，物理性能有所下降，故而提高添加比例应在满足混合型塑胶跑道质量的前提下，避免因提高鞋材废颗粒的添加量而降低了混合型塑胶跑道的质量。

（5）进一步开展鞋材废料高效再生利用示范中试工程的研究，提高鞋材废料资源化利用技术的可行性和适用性，积极同鞋业商会或当地政府沟通，推动开展鞋材废料综合利用示范项目的建设，发挥项目的示范引导作用，全面推动鞋材废料综合利用工作的开展，提高广东乃至全国鞋材废料资源化利用水平和产业化程度。

（6）推动政府相关部门完善鞋材废料管理的程序和制度，建立健全废料资源化的激励机制，更广泛学习国内外相关鞋材废料处理经验，完善鞋材废料处理和利用技术指引的相关技术标准。

参考文献

[1] 路华. 惠东第九届鞋文化节重装上阵再出发[J]. 西部皮革,2019,41(01):11.

[2] 黄文忠,郑立君. 晋江制鞋行业发展调查与思考[J]. 福建金融, 2013(09): 49-52.

[3] 方园,赵新,胡嘉琦,等. 废旧聚氨酯的回收利用[J]. 聚氨酯工业,2009,24(4):9-10.

[4] 赵延伟,范军伟. 塑料包装废弃物综合治理研究[J]. 湖南包装, 2005(4):16-21.

[5] 吴自强,黄永炳,刘志宏. 废聚氨酯的循环利用[J]. 新型建筑材料, 2002(07): 25-27.

[6] 吴自强,曹红军. 废聚氨酯的综合利用[J]. 再生资源研究,2003(04): 19-23.

[7] 叶林忠,隋丽娜,于立岩. 废聚氨酯的溶解和综合利用[J]. 研究·开发,2006,16(3): 28-31.

[8] 胡朝辉,王小妹,许玉良. 醇解废旧聚氨酯回收多元醇研究进展[J]. 聚氨酯工业,2008,23(4): 9-11.

[9] 方园,赵新,胡嘉琦,等. 废旧冰箱聚氨酯材料的回收利用技术研究[J]. 日用电器,2008(11): 53-56.

[10] 严捍东,欧小燕,王全凤. EVA 废胶粒对轻集料混凝土性能影响的试验研究[J]. 混凝土,2007(12): 72-75.

[11] 刘淼. 稻谷壳/废旧EVA复合材料的制备及性能研究[D]. 武汉:华中农业大学,2012.

[12] 刘宇航,陆晓中,胡翔,等. 污水处理用高发泡E/VAC悬浮填料的研制与应用[J]. 工程塑料应用,2005,33(11): 34-36.

[13] 所同川,李忠明. 废旧橡胶回收利用新技术[J]. 江苏化工,2004,32(6):1-6.

[14] 张军. 鞋类产品全生命周期工程的研究 [D]. 天津:天津科技大学 .2012.

[15] 白雪. 废橡胶综合利用行业"十三五"目标初定[N]. 中国经济导报,2015-7-17.

[16] 李苗. 废旧橡胶粉再生工艺的研究[D]. 青岛:青鸟科技大学,2015.

[17] 蒋连接,陈建超. 废橡胶粉在建筑材料中的资源化利用[J]. 混凝土与水泥制品,2014,11: 87-90.

[18] 张震,连永祥. 我国废橡胶利用现状和发展趋势浅谈[J]. 应用科技,2015(05):101.

[19] 魏丹毅,王邃,张振民,等. 废旧尼龙制品的循环利用[J]. 广东化工,2008,35(2): 58-61.

[20] 陈春燕,范浩军,冯萍. 制革固体废弃物的综合利用技术及其新进展[J]. 皮革科学与工程,2008,18(5):27-33.

[21] 贾鹏翔,汤克勇. 胶原蛋白改性丙烯酸类复鞣剂的制备[J]. 精细化工,2006,23(8): 801-805.

[22] 穆畅道,林炜,潘志成,等. 利用从铬革废弃物中提取的明胶研制皮革涂饰剂[J]. 中国皮革,2002,31(5): 1-6.

[23] 王鸿儒,卫向林,吴显记. 铬革屑制备蛋白填充剂[J]. 中国皮革:2001,31(19): 8-11.

[24] 吴芍君,刘易弘. 皮革固体废弃物的再利用技术[J]. 西部皮革,2015,37(16): 21-25.

[25] 吴宏富. 浙江丰利粉碎设备有限公司和宁波工程学院联合研成皮革废弃物用作橡塑填充材料新技术[N]. 中国包装报,2011-4-20.

[26] 吕凌云,马兴云,余梅. 铬革屑资源化利用的研究进展[J]. 中国皮革:2011,40(3):49-53.

[27] 周斌,雷建国. 新型垃圾衍生燃料制备工艺系统[J]. 中国环保产业,2010(01):42-47.

［28］郭小汾，陈勇，谢克昌．垃圾衍生燃料（RDF）处理技术及研究进展［J］．煤炭转化，1998（03）：44–47.

［29］沈伯雄，姚强．垃圾衍生燃料（RDF）技术概述［J］．电站系统工程，2002（03）：47–49.

［30］齐琪，袁京，李赟，等．生活垃圾制备RDF工艺参数及其热特性研究［J］．中国环境科学，2017，37（3）：1051–1057.

［31］王泽生，叶会华，刘志军，等．垃圾衍生燃料的制备工艺及关键技术［J］．天津城市建设学院学报，2008（04）：290–294.

［32］朱泽华，张晓勇．生活垃圾制备衍生燃料的环境污染及处置对策［J］．中国资源综合利用，2013（11）：44–45.

［33］刘锦春，肖建斌．利用废旧胶粉制备PU铺装材料［J］．橡胶工业，2004（01）：24–27.

［34］苏政权，陈光利，冼业挺，等．利用废旧胶粉制备环保型PU塑胶跑道［J］．橡胶工业，2005（08）：485–488.

［35］黎兵，张文荣，张彪，等．MDI型聚氨酯塑胶跑道的应用及研究进展［J］．涂料技术与文摘，2008（01）：8–10.

［36］张晓静．MDI型聚氨酯塑胶跑道铺装材料的研制［J］．聚氨酯工业，2007（02）：36–38.

［37］吴靖嘉，李兆琳，薛敦渊，等．裂解气相色谱—质谱法对聚乙烯醋酸乙烯酯裂解机理的探讨［J］．色谱，1986（04）：249–250.

［38］毛国兵．环保型PU合成革及其制备［J］．技术与市场，2008（06）：14.

［39］郭琪，潘方鸣．环保型水性聚氨酯合成革浆料［J］．技术与市场，2004（01）：20.

［40］Hell Elfriede，薛敏敏．纤维、织物和非织造布的回收［J］．合成纤维，2007（05）：46–48.

［41］席国喜，魏献军，孙晨．废聚酯再资源化制备涂料研究进展［J］．化工进展，2003（05）：486–489.

［42］Ferreira M J，Almeida M F，Pinho S C，et al. Finished leather waste chromium acid extraction and anaerobic biodegradation of the products［J］. WASTE MANAGEMENT，2010，30（6）：1091–1100.

［43］Ferreira M J，Almeida M F，Freitas F. Formulation and Characterization of Leather and Rubber Wastes Composites［J］. POLYMER ENGINEERING AND SCIENCE，2011，51（7）：1418–1427.

［44］Bahillo A，Armesto L，Cabanillas A，et al. Thermal valorization of footwear leather wastes in bubbling fluidized bed combustion［J］. WASTE MANAGEMENT，2004，24（9）：935–944.

［45］Scacchi W，Peiw.el M. Process life cycle engineering：a knowledge–based approach and environment［J］.Intelligent Systems in Accounting，Finance and Mana Gementl，1997（6）：83–107.

［46］Oakdene Holins Ltd. Recycling of Low Grade Clothing Waste［R］. Report，2006（9）：9–10.

［47］Editorial. Solvent – based PVC Recovery［J］. Plastics Technology，2001，47（8）：59.

［48］Conroy A，Halliwell S，Reynolds T，et al. Recycling fibre reinforced polymers in construction：a guide to best practicable environmental option［M］. UK：IHS BRE Press，2004.

［49］Scheirs J .Polymer recycling–science technology and applications［M］. London：Whey，1998.

［50］Tanaka H，Fukumoto Y，Suehiro K .A study on material recycling for Phenolic resin products［J］. Journal of Network Polymer，2000，21（4）：185–193.

［51］Barbara A O，Hendrik D K.Composite Materials，Recycling cured phenolic material［J］. Journal of Thermoplastic，1994，7（1）：30–44.

[52] Bevis M J, Bream CE, Hornsby PR, et al. Comminution and reuse of thermosetting plastics waste [C].In: Proceeding of 20th British Plastics Federation Composites Congress. Hinckley: BPF Press, 1996: 111-112

[53]李超.我国城市固体废弃物污染及治理状况[J].现代农业科技,2012(7):283.

[54] Wei R, Zhang L, Cang D, et al. Current status and potential of biomass utilization in ferrous metallurgical industry[J].Renewable and Sustainable Energy Reviews, 2017, 68: 511.

[55]唐赛珍.我国塑料废弃物资源化现状及前景[J].新材料产业,2011(10):62.

[56]杨小娟,王小雷.初探国内外废旧服装回收再利用发展现状[J].山东纺织经济,2013(7):11.

[57]任山,龙世刚.三种可燃固体废弃物及煤粉的热重分析[J].安徽工业大学学报:自然科学版,2009(3):229.

附录　主要鞋材成分和物理化学性质

序号	名称	成分构成	特性	用途	化学式
1	天然橡胶（NR）	从三叶橡胶树的乳胶制得，以顺-1,4-聚异戊二烯为主要成分的天然高分子化合物	回弹性、绝缘性、隔水性、可塑性	应用最广的通用橡胶，日常生活中使用的雨鞋、暖水袋、松紧带；医疗卫生行业所用的外科医生手套、输血管、避孕套；交通运输上使用的各种轮胎；工业上使用的传送带、运输带、耐酸和耐碱手套；农业上使用的排灌胶管、氨水袋；气象测量用的探空气球；科学试验用的密封、防震设备	$(C_5H_8)_n$
2	丁苯橡胶（SBR）	由丁二烯和苯乙烯共聚制得。按生产方法分为乳液聚合和溶液聚合，其综合性能和化学稳定性较好	手感细腻，柔软，富有弹性，具有防震，保温，弹性好，不透水，不透气等特点	广泛用于轮胎、胶带、胶管、电线电缆、医疗器具及各种橡胶制品的生产等领域，是普遍使用的合成橡胶品种	$—[(CH_2—CH=CH—CH_2)m—CH(C_6H_5)—CH_2]_n-$
3	顺丁橡胶（BR）	由丁二烯聚合而成的、结构规整的合成橡胶，其顺式结构含量在95%以上。根据催化剂的不同，可分成镍系、钴系、钛系和稀土系（钕系）顺丁橡胶	与天然橡胶和丁苯橡胶相比，硫化后其耐寒性、耐磨性和弹性特别优异，动负荷下发热少，耐老化性尚好，易与天然橡胶、氯丁橡胶或丁腈橡胶并用	顺丁橡胶特别适用于制造汽车轮胎和耐寒制品，还可以制造缓冲材料及各种胶鞋、胶布、胶带和海绵胶等	$(C_4H_6)_n$

（续上表）

序号	名称	成分构成	特性	用途	化学式
4	异戊橡胶（IR）	由异戊二烯合成的一种橡胶	具有很好的弹性、耐寒性（玻化温度-68℃）及很高的拉伸强度。在耐氧化和多次变形条件下耐切口撕裂比天然橡胶高，但加工性能如混炼、压延等比天然橡胶稍差	主要用于轮胎生产，除航空和重型轮胎外，均可代替天然橡胶	$-[-CH_2-C(CH_3)=CH-CH_2-]_n-$
5	氯丁橡胶（CR）	由氯丁二烯（即2-氯-1,3-丁二烯）为主要原料进行α-聚合而生产的合成橡胶	有良好的物理机械性能，耐油、耐热、耐燃、耐日光、耐臭氧、耐酸碱、耐化学试剂。缺点是耐寒性和贮存稳定性较差。具有较高的拉伸强度、伸长率和可逆的结晶性，黏接性好	被广泛应用于抗风化产品、黏胶鞋底、涂料和火箭燃料，传动带、运输带、电线电缆、耐油胶板、耐油胶管、密封材料等橡胶制品	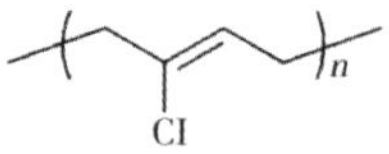
6	三元乙丙橡胶（EPDM）	为乙烯、丙烯和少量的非共轭二烯烃的共聚物，是乙丙橡胶的一种，以EPDM表示，其主链是由化学稳定的饱和烃组成	具有耐氧化、抗臭氧和抗侵蚀的能力	可广泛用于汽车部件、建筑用防水材料、电线电缆护套、耐热胶管、胶带、汽车密封件等领域	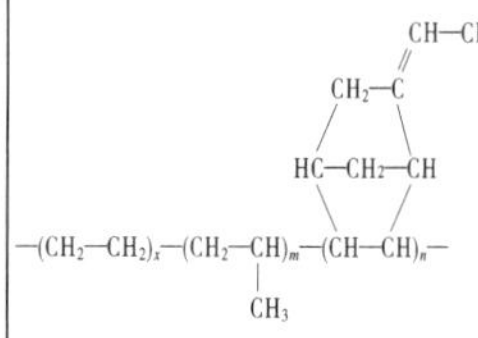
7	丁腈橡胶（NBR）	由丁二烯和丙烯腈经乳液聚合法制得	耐油性极好，耐磨性较高，耐热性较好，黏接力强。其缺点是耐低温性差、耐臭氧性差，绝缘性能低劣，弹性稍低	广泛用于制各种耐油橡胶制品，多种耐油垫圈、垫片、套管、软包装、软胶管、印染胶辊、电缆胶材料等，在汽车、航空、石油、复印等行业中成为必不可少的弹性材料	$-(CH_2-CH=CH-CH_2)_x-(CH_2-\underset{\mid \atop CN}{CH})_y-(CH_2-\underset{\mid \atop CH=CH_2}{CH})_z-$

（续上表）

序号	名称	成分构成	特性	用途	化学式
8	热塑性橡胶（TPR）	在常温下显示橡胶弹性，受热时具可塑性的高分子材料	兼有热塑性的加工成型特征和硫化橡胶的橡胶弹性性能	可以用来制作各种各样的隔热产品，可以用来制作建筑外墙隔热材料	
9	聚乙烯（PE）	为乙烯经聚合制得的一种热塑性树脂，在工业上，也包括乙烯与少量α-烯烃的共聚物	聚乙烯无臭，无毒，手感似蜡，具有优良的耐低温性能（最低使用温度可达-100°C），化学稳定性好，能耐大多数酸碱的侵蚀（不耐具有氧化性质的酸）。常温下不溶于一般溶剂，吸水性小，电绝缘性优良		$—[CH_2—CH_2]_n—$
10	增塑聚氯乙烯(SPVC)	采用普通悬浮聚合工艺生产		主要用于生产各种软制品、管材和型材硬制品等	
11	聚乙烯醋酸乙烯酯（EVA）	乙烯-醋酸乙烯共聚物及其制成的橡塑发泡材料	EVA的性能与乙酸乙烯酯（VA）的含量有很大的关系，当VA的含量增加时，它的回弹性、柔韧性、黏合性、透明性、溶解性、耐应力开裂性和冲击性能都会提高；当VA的含量降低时，EVA的刚性、耐磨性及电绝缘性都会增加。一般来说，VA含量在10%～20%范围时为塑性材料，而VA含量超过30%时为弹性材料	用于制作冰箱导管、煤气管、土建板材、容器和日用品等	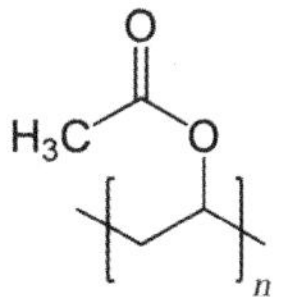

（续上表）

序号	名称	成分构成	特性	用途	化学式
12	聚丙烯（PP）	由丙烯聚合而制得的一种热塑性树脂。按甲基排列位置分为等规聚丙烯（isotactic polypropylene）、无规聚丙烯（atactic polypropylene）和间规聚丙烯（syndiotactic polypropylene）三种	通常为半透明无色固体，无臭无毒。由于结构规整而高度结晶化，故熔点高达167℃。耐热、耐腐蚀，制品可用蒸汽消毒是其突出优点。密度小，是最轻的通用塑料。缺点是耐低温冲击性差，较易老化，但可分别通过改性予以克服。共聚物型的PP材料有较低的热变形温度（100℃）、低透明度、低光泽度、低刚性，但是有更强的抗冲击强度。PP的冲击强度随着乙烯含量的增加而增大。PP的维卡软化温度为150℃。由于结晶度较高，这种材料的表面刚度和抗划痕特性很好。PP不存在环境应力开裂问题 PP的熔体质量流动速率（MFR）通常在1～100 g/10 min。低MFR的PP材料抗冲击特性较好，但延展强度较低。对于相同MFR的材料，共聚型的抗冲强度比均聚型的要高。由于结晶化高，PP的收缩率相当高，一般为1.6～2.0%		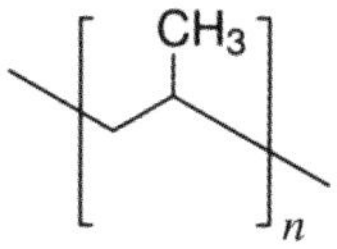

（续上表）

序号	名称	成分构成	特性	用途	化学式
13	聚氨酯（PU）	聚氨酯是一种新兴的有机高分子材料		产品应用领域涉及轻工、化工、电子、纺织、医疗、建筑、建材、汽车、国防、航天、航空等领域	$-[-O-CONH-]_n-$